高等院校数学课程改革创新系列教材

机电数学

游安军　主编
黄伟祥　廖桂波　龙海团　曾庆武　副主编
李军利　主审

電子工業出版社
Publishing House of Electronics Industry
北京 · BEIJING

内 容 简 介

"机电数学"是高等职业院校机电类专业(如机电一体化、机械制造、数控技术、模具设计与制造等)的一门创新性特色课程,它贯彻了"突出应用性,与专业结合,为专业服务"的课程思想,能为机电类专业技术人才的能力培养提供有效的支持。

本书内容包括三角函数及其应用、坐标与方程、导数与微分、定积分及其应用等4章,特别注重数学知识在专业实践中的应用,着力学生数学应用能力的培养。本书的逻辑结构清晰,语言叙述简明,例题讲解翔实,习题配备适当,非常适合作为高职高专机电类专业数学课程的教材,也可作为中、高级技师学校的数学课程的教学用书,还可供从事机电技术研发与应用的人员参考。

图书在版编目(CIP)数据

机电数学/游安军主编. —北京 :电子工业出版社,2016.7
ISBN 978-7-121-29028-2

Ⅰ. ①机… Ⅱ. ①游… Ⅲ. ①机电工程－应用数学－高等职业教育－教材 Ⅳ. ①TH-05 ②O29

中国版本图书馆 CIP 数据核字(2016)第 128736 号

策划编辑:朱怀永
责任编辑:底　波
印　　刷:北京捷迅佳彩印刷有限公司
装　　订:北京捷迅佳彩印刷有限公司
出版发行:电子工业出版社
　　　　　北京市海淀区万寿路173信箱　邮编　100036
开　　本:787×1092　1/16　　印张:11　　字数:281千字
版　　次:2016年7月第1版
印　　次:2021年8月第6次印刷
定　　价:26.80元

凡所购买电子工业出版社图书有缺损问题,请向购买书店调换,若书店售缺,请与本社发行部联系,联系及邮购电话:(010)88254888,88258888。

质量投诉请发邮件至 zlts@phei.com.cn,盗版侵权举报请发邮件至 dbqq@phei.com.cn。

本书咨询联系方式:zhy@phei.com.cn。

前　言

近8年来，我们一直致力于高等职业院校数学课程的理论研究与教材开发，先后出版了《计算机数学》(2013年)和《电路数学》(2014年)，这两本教材突破了传统《高等数学》的藩篱，已经对我国高职数学课程与教材改革产生了积极影响。

2014年5月，我们就开始与机电一体化、数控技术、模具设计与制造等相关专业的负责人和教师进行坦诚交流，一是说明教材编写的意义和真实想法；二是因为存在知识上的盲区，请他们指导，并解决疑惑。在接下来的近两年时间里，我心无旁骛，反复查阅机电一体化和机械加工等专业的相关资料和教材，希望能从中找到一些有用的素材或得到一些启发，以便能建构一门在体系或结构上具有机电类专业特色的数学教材，直到2016年初才有了呈现在大家面前的这本《机电数学》。

“机电一体化”是机械工程学、电子学与信息技术等合为一体的技术，它包含许多复杂的构成要素(如控制器技术、软件技术、传感器技术、传动技术、接口技术、网络技术等)，其中最典型的技术是机器人技术和数控机床技术，所以本书所使用的“机电”也意指广义的“机电一体化”。从某种意义上讲，大学里开设的“机电一体化技术”、“机械设计与制造”、“数控加工技术”专业都可以归属到“机电”大类，而“机电数学”就是这个大类专业中基础性的课程。考虑到高职高专机电类人才的培养目标和学习要求，我们只选择了非常基础的初等微积分，削减了不必要的内容，对本书做了如下的内容选择和结构设计。本书包括三角函数及其应用、坐标与方程、导数及微分、定积分及其应用等4章。其中，第1章和第2章的主要内容都是中学阶段已经学习过的，当前侧重点是学会使用它们解决机械加工与设计中的计算问题。有些读者可能会有疑问：这两章的内容是不是偏多了？其实不然，因为它们是机电类专业的基本功，其应用是如此普遍，以致于不能不有所加强。第3章主要介绍导数与微分的概念、求导法则与公式、函数的极值、曲率等。第4章主要介绍不定积分与定积分的概念、性质与计算方法，定积分的应用等。这两章并不只是单纯地讲解数学知识，还包括了它们在机电类专业中的一些应用。同时，我们还降低了知识难度和数学技巧，增加了许多具有鲜明专业特色的例题和习题。希望读者通过适当的努力，就能掌握和运用这些数学知识，为专业技能的发展奠定良好的基础。

社会在变化，教育在发展，传统的“高等数学”课程也应该为高等教育大众化时代的专业发展做出积极的改变。因此，应该打破固有框架，去构建一个没有“高等”之标识、基于专业应用的类别化高职数学课程。转换到这个思想轨道上来需要多大的力度，我们从来没有估量过，也没办法去估量，而我们的探索悄悄地经历了8年之久。我们非常感谢广州大学数学与信息科学学院院长、博士生导师、首批国家级教学名师曹广福教授，他的专业学识与人格魅力一直都令我们敬佩。他建议联合多方面的力量，深入到专业课之中去寻找和发现结合点。与他学术交流多年，不管得到的是赞同或是怀疑，最终都促使我们对高职数学课程做了更多、更深入的思考。

感谢珠海城市职业技术学院机电工程学院的领导和教师，特别是李军利院长、廖桂波副院长和龙海团主任，他们积极支持我们所倡导的高职数学课程类别化建设，并参与了编写本书的具体工作。还要感谢机电工程学院青年教师杨宝鹏，他花费许多时间带我们参观了十多个实训室，讲解了许多专业设备及其工作原理、工件加工方法，回答了诸多问题。还要感谢广东水利电力职业技术学院数学教学部主任黄伟祥副教授和广东松山职业技术学院曾庆武老师热情地参与编写工作。在编撰本书的过程中，我们参阅了机电类专业相关的书籍，在此对这些书籍的作者表示衷心感谢。当然，最后要感谢电子工业出版社朱怀永先生，他希望我能把高职数学课程与教材改革系列教材做得更广泛、更深入、更有特色。在这样一个躁动的时代，他一如既往地给予我支持与鼓励，实在是弥足珍贵。

另外，我们为本书提供了相关的教学资源，包括课程教学大纲、教学进度表、PPT课件等，请读者到电子工业出版社相关网站下载。由于我们才疏学浅，书中不足之处在所难免，期待广大读者和专家在使用与阅读本书的过程中提出建议和批评，并发送至电子邮箱 anjun65@sina.com。对此，我们将心存感激。

编　者

2016年5月于珠海

目　录

第 1 章　三角函数及其应用 …… 1

1.1　三角函数的定义 …… 1
1.2　基本三角公式 …… 7
1.3　正弦型函数 …… 14
1.4　反三角函数 …… 19
1.5　解直角三角形 …… 24
1.6　解斜三角形 …… 38

第 2 章　坐标与方程 …… 46

2.1　坐标变换及其应用 …… 46
2.2　直线与二次曲线 …… 58
2.3　参数方程及其应用 …… 69
2.4　极坐标及其应用 …… 76
2.5　空间坐标与曲面方程 …… 89

第 3 章　导数与微分 …… 97

3.1　函数的极限 …… 97
3.2　导数与微分 …… 101
3.3　求导法则 …… 108
3.4　基本求导公式 …… 113
3.5　高阶导数 …… 118
3.6　函数的单调性与极值 …… 121
3.7　曲率 …… 128

第 4 章　定积分及其应用 …… 133

4.1　不定积分的概念 …… 133
4.2　基本积分公式 …… 136
4.3　不定积分的方法 …… 138
4.4　定积分的概念 …… 145

4.5 定积分的性质与方法 …… 149
4.6 定积分的应用 …… 154

部分习题参考答案 …… 162

参考文献 …… 169

第1章　三角函数及其应用

三角函数在机械制造中的应用非常广泛。运用它可建立零部件的数量关系，帮助我们对零件的轮廓形状、检验所需的尺寸等进行计算。本章主要学习三角函数与反三角函数的定义、基本三角公式，并用解三角形的方法解决机械加工中的常见计算问题。

1.1　三角函数的定义

如图1.1.1所示，在平面直角坐标系 xOy 中任取一点 P（这里假定点 P 在第一象限，如果它在第二、三、四象限，讨论是类似的），设 P 点坐标为 (x,y)，$\overline{OP}=r=\sqrt{x^2+y^2}>0$。记 $\angle QOP=\theta$（θ 的单位为度或弧度），那么角 θ 的三角函数可以定义如下：

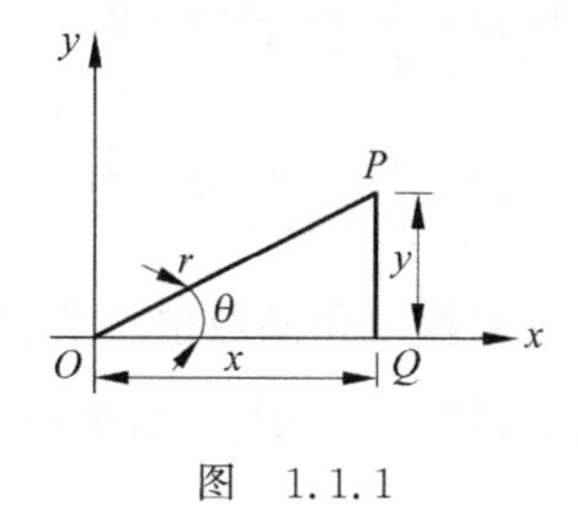

图　1.1.1

$$正弦函数\ \sin\theta=\frac{\overline{QP}}{\overline{OP}}=\frac{y}{r}\qquad 余弦函数\ \cos\theta=\frac{\overline{OQ}}{\overline{OP}}=\frac{x}{r}$$

$$正切函数\ \tan\theta=\frac{\overline{QP}}{\overline{OQ}}=\frac{y}{x}\qquad 余切函数\ \cot\theta=\frac{\overline{OQ}}{\overline{QP}}=\frac{x}{y}$$

本书主要介绍上面4个三角函数。为了更好地理解上述定义，可做如下说明：

首先，对于正弦函数 $\sin\theta$，对于一个给定的角 θ，这个角在平面直角坐标系里总是对应着唯一确定的一条终边（始边总是设定在 x 轴的正半轴上），在此终边上任取一点 P，设其坐标为 (x,y)，通过计算 $\frac{y}{r}$ 就可以确定 $\sin\theta$ 的值，而且这个值与终边上点 P 的选取是没有关系的。也就是说，只要角 θ 给定了，$\sin\theta$ 的值就是唯一确定的，从而 $\sin\theta$ 是 θ 的函数。

对于余弦函数 $\cos\theta$ 来说，可以做类似的解释。

其次，看一看 $\tan\theta$ 的定义。我们会发现，当角 θ 的终边位于 y 轴上时，点 P 的坐标为$(0,y)$，$\tan\theta=\dfrac{y}{x}$没有意义（分母为0）。也就是说，除了角$\theta=k\cdot180°+90°$（其中$k=0,1,2,\cdots$）之外，角θ可以取其他的任何值，而且只要角θ给定，$\tan\theta$的值$\dfrac{y}{x}$就是唯一确定的，从而$\tan\theta$是θ的函数，而$\tan\theta$的定义域则是除$\theta=k\cdot180°+90°$之外的其他值。

对于余切函数$\cot\theta$来说，讨论也是类似的。

【例1.1.1】 已知角θ终边上的点$P(2,-4)$，根据三角函数定义求它的4个三角函数值。

解：由$x=2,y=-4$得$r=\sqrt{x^2+y^2}=\sqrt{2^2+(-4)^2}=2\sqrt{5}$

根据定义得

$$\sin\theta=\frac{y}{r}=\frac{-4}{2\sqrt{5}}=\frac{-2\sqrt{5}}{5}$$

$$\cos\theta=\frac{x}{r}=\frac{2}{2\sqrt{5}}=\frac{\sqrt{5}}{5}$$

$$\tan\theta=\frac{y}{x}=\frac{-4}{2}=-2$$

$$\cot\theta=\frac{x}{y}=\frac{2}{-4}=-\frac{1}{2}$$

【例1.1.2】 已知角$\theta=150°$，根据三角函数定义求它的4个三角函数值。

解：在角θ的终边上取一点P，使$r=|OP|=2$，根据直角三角形的性质，容易求得P点横、纵坐标分别为

$$x=-\sqrt{3},\quad y=1$$

根据定义得

$$\sin\theta=\frac{y}{r}=\frac{1}{2}$$

$$\cos\theta=\frac{x}{r}=\frac{-\sqrt{3}}{2}$$

$$\tan\theta=\frac{y}{x}=\frac{1}{-\sqrt{3}}=-\frac{\sqrt{3}}{3}$$

$$\cot\theta=\frac{x}{y}=\frac{-\sqrt{3}}{1}=-\sqrt{3}$$

在生产实际中，角θ可以有不同的表达方式。比如，在工程技术中经常用弧度表示一个角的大小。与半径等长的弧所对的圆心角称为1弧度的角。根据这个定义，角的弧度数等于它所对的弧长除以半径的商，即

$$\theta(\text{弧度})=\frac{l(\text{弧长})}{R(\text{半径})}$$

如果圆的半径是 R，那么圆的周长等于 $2\pi R$，半圆的周长等于 πR，所以

$$\text{圆角}(360°)=\frac{2\pi R}{R}=2\pi(\text{弧度})$$

$$\text{平角}(180°)=\frac{\pi R}{R}=\pi(\text{弧度})$$

于是可以得到

$$1°=\frac{\pi}{180}(\text{弧度})$$

$$1(\text{弧度})=\frac{180°}{\pi}\approx 57°17'45''$$

据此可以在弧度与角度之间进行换算。

在用弧度表示角的大小时，习惯上会把"弧度"两字省略，比如 $\angle AOB=60°=\frac{\pi}{3}$。

根据角的 θ 不同(弧度)值，可以求出相应的三角函数值。为了方便，我们把一些特殊角 θ 所对应的三角函数值 $\sin\theta$、$\cos\theta$、$\tan\theta$ 制成如表 1.1.1 所示，其中有些函数值要求读者自己填写。

表　1.1.1

	0	$\frac{\pi}{6}$	$\frac{\pi}{4}$	$\frac{\pi}{3}$	$\frac{\pi}{2}$	$\frac{2\pi}{3}$	$\frac{3\pi}{4}$	$\frac{5\pi}{6}$	π
$\sin\theta$	0	$\frac{1}{2}$	$\frac{\sqrt{2}}{2}$	$\frac{\sqrt{3}}{2}$	1				
$\cos\theta$	1	$\frac{\sqrt{3}}{2}$	$\frac{\sqrt{2}}{2}$	$\frac{1}{2}$	0				
$\tan\theta$	0	$\frac{\sqrt{3}}{3}$	1	$\sqrt{3}$	∞				

另外，根据角 θ 的终边上点 $P(x,y)$ 所处的象限，它的两个坐标分量 x、y 会出现正或负的情况。比如，如果点 P 在第二象限中(如图 1.1.2 所示)，则有 $x<0$，$y>0$，从而可以确定三角函数值 $\sin\theta>0$，$\cos\theta<0$，$\tan\theta<0$。

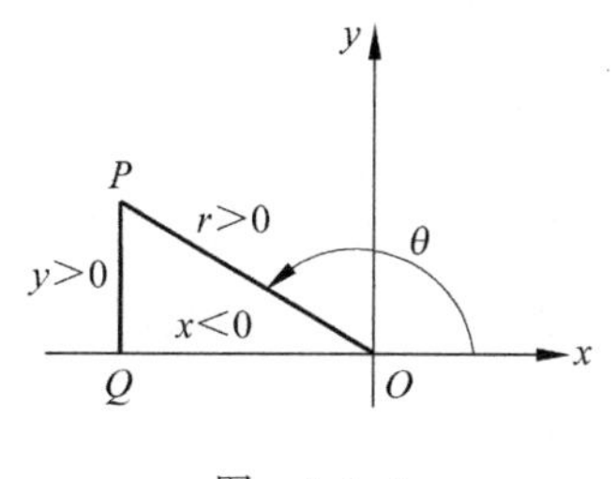

图　1.1.2

在此，我们将不同角度情况下三角函数值的正负列于表 1.1.2 之中。

表 1.1.2

	第 1 象限	第 2 象限	第 3 象限	第 4 象限
	$0<\theta<\pi/2$	$\pi/2<\theta<\pi$	$\pi<\theta<3\pi/2$	$3\pi/2<\theta<2\pi$
$\sin\theta$	+	+	−	−
$\cos\theta$	+	−	−	+
$\tan\theta$	+	−	+	−

【例 1.1.3】 根据下列已知条件，求角 θ。

(1) $\sin\theta=\frac{1}{2},\theta\in[0,2\pi)$；　　　　(2) $\tan\theta=\frac{\sqrt{3}}{3},\theta\in[-\pi,\pi)$

解：(1) 因为 $\sin\theta=\frac{1}{2}>0$，且 $\theta\in[0,2\pi)$，所以 $\theta\in[0,\pi]$。

而 $\sin\frac{\pi}{6}=\frac{1}{2}$，且 $\frac{\pi}{6}\in\left[0,\frac{\pi}{2}\right]$，故 $\theta=\frac{\pi}{6}$；

又 $\sin\left(\pi-\frac{\pi}{6}\right)=\sin\frac{\pi}{6}=\frac{1}{2}$，且 $\pi-\frac{\pi}{6}\in\left[\frac{\pi}{2},\pi\right]$，故 $\theta=\frac{5\pi}{6}$。

所以 $\theta=\frac{\pi}{6},\frac{5\pi}{6}$。

(2) 因为 $\tan\theta=\frac{\sqrt{3}}{3}>0$，且 $\theta\in[-\pi,\pi)$，

所以 $\theta\in[-\pi,-\pi/2)\cup[0,\pi/2)$；

又 $\tan\frac{\pi}{6}=\frac{\sqrt{3}}{3}$，且 $\frac{\pi}{6}\in\left(0,\frac{\pi}{2}\right)$故 $\theta=\frac{\pi}{6}$；

而 $\tan\left(-\pi+\frac{\pi}{6}\right)=\tan\frac{-5\pi}{6}=\tan\frac{\pi}{6}=\frac{\sqrt{3}}{3}$，且 $-\frac{5\pi}{6}\in\left[-\pi,-\frac{\pi}{2}\right)$，故 $\theta=-\frac{5\pi}{6}$。

所以 $\theta=\frac{\pi}{6},-\frac{5\pi}{6}$。

函数图像是理解函数性质的重要手段。比如，正弦函数图像可结合它的周期变化的特点用描点法作出。在精度要求不高时，一般可用“五点法”作出一个周期函数，这五点分别是起点 $(0,0)$、最高点 $\left(\frac{\pi}{2},1\right)$、中点 $(\pi,0)$、最低点 $\left(\frac{3\pi}{2},-1\right)$、终点 $(2\pi,0)$，即一个周期内函数值最大和最小的点以及函数值为零的点。类似地，可以作出余弦函数图像。

通过对比可以发现：正弦函数图像与余弦函数图像有完全相同的形状，只要把正弦函数图像沿 x 轴向左平移 $\frac{\pi}{2}$ 个单位就是余弦函数图像。

正弦函数、余弦函数的图形和性质参见表 1.1.3。

表　1.1.3

函数	$y=\sin x$	$y=\cos x$
定义域	**R**	**R**
值域	$[-1,1]$	$[-1,1]$
图像		
周期	2π	2π
奇偶性	奇函数 $\sin(-x)=-\sin x$	偶函数 $\cos(-x)=\cos x$
单调性	在$\left[-\frac{\pi}{2}+2k\pi,\frac{\pi}{2}+2k\pi\right](k\in\mathbf{Z})$上是增函数；在$\left[\frac{\pi}{2}+2k\pi,\frac{3\pi}{2}+2k\pi\right](k\in\mathbf{Z})$上是减函数	在$[(2k-1)\pi,2k\pi](k\in\mathbf{Z})$上是增函数；在$[2k\pi,(2k+1)\pi](k\in\mathbf{Z})$上是减函数

正切函数、余切函数的图形和性质参见表 1.1.4。

表　1.1.4

函数	$y=\tan x$	$y=\cot x$
定义域	$x\neq\frac{\pi}{2}+k\pi(k\in\mathbf{Z})$	$x\neq k\pi(k\in\mathbf{Z})$
值域	**R**	**R**
图像		
周期	π	π
奇偶性	奇函数 $\tan(-x)=-\tan x$	奇函数 $\cot(-x)=-\cot x$
单调性	在$\left(-\frac{\pi}{2}+k\pi,\frac{\pi}{2}+k\pi\right)(k\in\mathbf{Z})$上是增函数	在$(k\pi,(k+1)\pi)(k\in\mathbf{Z})$上是减函数

【例 1.1.4】 用五点法作出函数 $y=\sin x+1$ 在$[0,2\pi]$的图像。

解：列表求函数值。

x	0	$\frac{\pi}{2}$	π	$\frac{3\pi}{2}$	2π
$y=\sin x$	0	1	0	-1	0
$y=\sin x+1$	1	2	1	0	1

描点、连线得所要的图像，如图 1.1.3 所示。

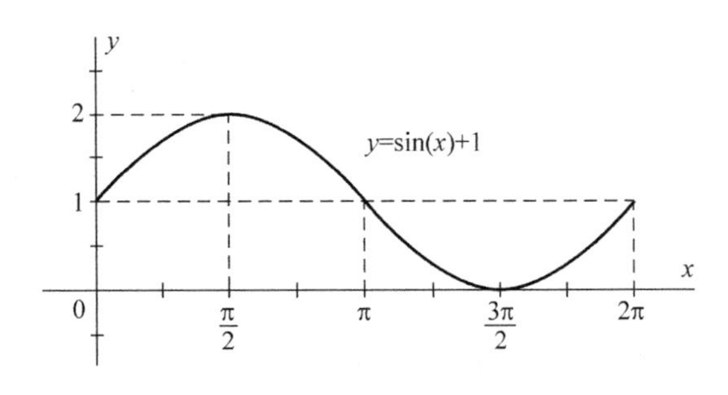

图 1.1.3

习题 1.1

1. 已知角 α 终边上一点为 $P(-2,-4)$，根据三角函数定义求它的 4 个三角函数值。

2. 画出下列函数的图形，并写出它们的周期。

(1) $y=|\sin\theta|$　　(2) $y=|\cos\theta|$

3. 用弧度表示下列各角。

(1) $36°$　　(2) $22.5°$　　(3) $103°$

4. 用角度表示下列各角。

(1) $\frac{2\pi}{3}$　　(2) $\frac{7\pi}{10}$　　(3) $-\frac{21\pi}{4}$

5. 在半径为 120cm 的圆周上，有一段长为 145.5cm 的弧，求这段弧所对的圆心角的弧度数与度数。

6. 已知 $\cos\theta=-\frac{\sqrt{3}}{2}$，且 $\theta\in[-\pi,\pi]$，求 θ。

7. 已知 θ 是第一象限角，且 $\tan\theta=\frac{5}{12}$，求 $\sin\theta$、$\cos\theta$ 的值。

8. 用五点法作出函数 $y=2\cos x-3$ 在$[0,2\pi]$的图像。

1.2　基本三角公式

根据三角函数的定义,容易得到下面的许多关系。

(1) 商数关系

$$\tan\theta = \frac{\sin\theta}{\cos\theta}$$

$$\cot\theta = \frac{\cos\theta}{\sin\theta}$$

$$\tan\theta \cot\theta = 1$$

(2) 平方关系

$$\sin^2\theta + \cos^2\theta = 1$$

(3) 诱导公式

同名转换:

$$\sin(\pi + \theta) = -\sin\theta \quad \sin(\pi - \theta) = \sin\theta$$

$$\cos(\pi + \theta) = -\cos\theta \quad \cos(\pi - \theta) = -\cos\theta$$

$$\tan(\pi + \theta) = \tan\theta \quad \tan(\pi - \theta) = -\tan\theta$$

余名转换:

$$\sin\left(\frac{\pi}{2} + \theta\right) = \cos\theta \quad \sin\left(\frac{\pi}{2} - \theta\right) = \cos\theta$$

$$\cos\left(\frac{\pi}{2} + \theta\right) = -\sin\theta \quad \cos\left(\frac{\pi}{2} - \theta\right) = \sin\theta$$

$$\tan\left(\frac{\pi}{2} + \theta\right) = -\cot\theta \quad \tan\left(\frac{\pi}{2} - \theta\right) = \cot\theta$$

(4) 加法公式

$$\sin(\alpha + \beta) = \sin\alpha\cos\beta + \cos\alpha\sin\beta$$

$$\cos(\alpha + \beta) = \cos\alpha\cos\beta - \sin\alpha\sin\beta$$

在此,不加证明地引入上面的两个公式。

由这两个公式,容易得到

$$\begin{aligned}\sin(\alpha - \beta) &= \sin[\alpha + (-\beta)] \\ &= \sin\alpha\cos(-\beta) + \cos\alpha\sin(-\beta) \\ &= \sin\alpha\cos\beta + \cos\alpha(-\sin\beta) \\ &= \sin\alpha\cos\beta - \cos\alpha\sin\beta\end{aligned}$$

同理

$$\cos(\alpha - \beta) = \cos\alpha\cos\beta + \sin\alpha\sin\beta$$

进一步地,容易得到

$$\tan(\alpha+\beta)=\frac{\tan\alpha+\tan\beta}{1-\tan\alpha\tan\beta}\quad \tan(\alpha-\beta)=\frac{\tan\alpha-\tan\beta}{1+\tan\alpha\tan\beta}$$

下面证明第一个式子，请读者完成第二个式子的证明。

$$\tan(\alpha+\beta)=\frac{\sin(\alpha+\beta)}{\cos(\alpha+\beta)}$$

$$=\frac{\sin\alpha\cos\beta+\cos\alpha\sin\beta}{\cos\alpha\cos\beta-\sin\alpha\sin\beta}$$

$$=\frac{\dfrac{\sin\alpha\cos\beta}{\cos\alpha\cos\beta}+\dfrac{\cos\alpha\sin\beta}{\cos\alpha\cos\beta}}{\dfrac{\cos\alpha\cos\beta}{\cos\alpha\cos\beta}-\dfrac{\sin\alpha\sin\beta}{\cos\alpha\cos\beta}}$$

$$=\frac{\tan\alpha+\tan\beta}{1-\tan\alpha\tan\beta}$$

（5）积化和差

$$\sin\alpha\cos\beta=\frac{1}{2}[\sin(\alpha+\beta)+\sin(\alpha-\beta)]$$

$$\cos\alpha\cos\beta=\frac{1}{2}[\cos(\alpha+\beta)+\cos(\alpha-\beta)]$$

$$\sin\alpha\sin\beta=-\frac{1}{2}[\cos(\alpha+\beta)-\cos(\alpha-\beta)]$$

（6）和差化积

$$\sin\alpha+\sin\beta=2\sin\frac{\alpha+\beta}{2}\cos\frac{\alpha-\beta}{2}$$

$$\sin\alpha-\sin\beta=2\cos\frac{\alpha+\beta}{2}\sin\frac{\alpha-\beta}{2}$$

$$\cos\alpha+\cos\beta=2\cos\frac{\alpha+\beta}{2}\cos\frac{\alpha-\beta}{2}$$

$$\cos\alpha-\cos\beta=-2\sin\frac{\alpha+\beta}{2}\sin\frac{\alpha-\beta}{2}$$

下面证明其中的前两个式子。

由加法公式得

$$\sin(\alpha+\beta)+\sin(\alpha-\beta)=2\sin\alpha\cos\beta$$

$$\sin(\alpha+\beta)-\sin(\alpha-\beta)=2\cos\alpha\sin\beta$$

在此令 $\alpha+\beta=\varphi,\alpha-\beta=\gamma$，则

$$\alpha=\frac{\varphi+\gamma}{2},\quad \beta=\frac{\varphi-\gamma}{2}$$

于是

$$\sin\varphi+\sin\gamma=2\sin\frac{\varphi+\gamma}{2}\cos\frac{\varphi-\gamma}{2}$$

同理可得

$$\sin\varphi - \sin\gamma = 2\cos\frac{\varphi+\gamma}{2}\sin\frac{\varphi-\gamma}{2}$$

（7）倍角公式

$$\sin 2\theta = 2\sin\theta\cos\theta$$

$$\begin{aligned}\cos 2\theta &= \cos^2\theta - \sin^2\theta \\ &= 2\cos^2\theta - 1 \\ &= 1 - 2\sin^2\theta\end{aligned}$$

在加法公式中，令 $\alpha=\beta=\theta$，则

$$\begin{aligned}\sin 2\theta &= \sin(\theta+\theta) \\ &= \sin\theta\cos\theta + \cos\theta\sin\theta \\ &= 2\sin\theta\cos\theta\end{aligned}$$

$$\begin{aligned}\cos 2\theta &= \cos(\theta+\theta) \\ &= \cos^2\theta - \sin^2\theta\end{aligned}$$

由平方关系得

$$\cos^2\theta = 1 - \sin^2\theta \quad \sin^2\theta = 1 - \cos^2\theta$$

于是

$$\begin{aligned}\cos 2\theta &= \cos^2\theta - (1-\cos^2\theta) \\ &= 2\cos^2\theta - 1 \\ &= (1-\sin^2\theta) - \sin^2\theta \\ &= 1 - 2\sin^2\theta\end{aligned}$$

$$\begin{aligned}\tan 2\theta &= \frac{\sin 2\theta}{\cos 2\theta} \\ &= \frac{2\sin\theta\cos\theta}{\cos^2\theta - \sin^2\theta} \\ &= \frac{2\tan\theta}{1-\tan^2\theta}\end{aligned}$$

【例 1.2.1】 化简 $\dfrac{\cos(2\pi-\theta)\sin(\pi+\theta)\tan(-\pi-\theta)}{\sin(-\pi+\theta)\tan(3\pi-\theta)}$。

解：

$$\begin{aligned}\text{原式} &= \frac{\cos\theta(-\sin\theta)(-\tan\theta)}{-\sin\theta(-\tan\theta)} \\ &= \cos\theta\end{aligned}$$

【例 1.2.2】 已知 $\cos\theta=\dfrac{3}{5}$，θ 是第四象限的角，求 $\sin\left(\theta+\dfrac{\pi}{6}\right)$。

解：因为 $\cos\theta=\dfrac{3}{5}$ 且 θ 是第四象限的角，由平方关系得

$$\sin\theta=-\sqrt{1-\cos^2\theta}$$

$$=-\sqrt{1-\left(\frac{3}{5}\right)^2}$$

$$=-\frac{4}{5}$$

则

$$\sin\left(\theta+\frac{\pi}{6}\right)=\sin\theta\cos\frac{\pi}{6}+\cos\theta\sin\frac{\pi}{6}$$

$$=-\frac{4}{5}\times\frac{\sqrt{3}}{2}+\frac{3}{5}\times\frac{1}{2}=\frac{3-4\sqrt{3}}{10}$$

【例 1.2.3】 已知两个正弦交流电流 $i_1=I_1\sin(\omega t+\theta_1)$，$i_2=I_2\sin(\omega t+\theta_2)$，求证它们的和 $i=i_1+i_2$ 仍是一个正弦交流电，即

$$i=i_1+i_2=I\sin(\omega t+\theta)$$

其中 $I=\sqrt{I_1^2+I_2^2+2I_1I_2\cos(\theta_1-\theta_2)}$，$\theta=\arctan\dfrac{I_1\sin\theta_1+I_2\sin\theta_2}{I_1\cos\theta_1+I_2\cos\theta_2}$。

证明： $i=i_1+i_2$

$=I_1\sin(\omega t+\theta_1)+I_2\sin(\omega t+\theta_2)$

$=I_1(\sin\omega t\cos\theta_1+\cos\omega t\sin\theta_1)+I_2(\sin\omega t\cos\theta_2+\cos\omega t\sin\theta_2)$

$=\sin\omega t(I_1\cos\theta_1+I_2\cos\theta_2)+\cos\omega t(I_1\sin\theta_1+I_2\sin\theta_2)$

在此，令 $I=\sqrt{(I_1\cos\theta_1+I_2\cos\theta_2)^2+(I_1\sin\theta_1+I_2\sin\theta_2)^2}$

$=\sqrt{I_1^2+I_2^2+2I_1I_2\cos(\theta_1+\theta_2)}$

再令 $\cos\theta=\dfrac{I_1\cos\theta_1+I_2\cos\theta_2}{I}$，$\sin\theta=\dfrac{I_1\sin\theta_1+I_2\sin\theta_2}{I}$，于是有

$$i=i_1+i_2$$

$$=I\left(\sin\omega t\cdot\frac{I_1\cos\theta_1+I_2\cos\theta_2}{I}+\cos\omega t\cdot\frac{I_1\sin\theta_1+I_2\sin\theta_2}{I}\right)$$

$$=I(\sin\omega t\cos\theta+\cos\omega t\sin\theta)$$

$$=I\sin(\omega t+\theta)$$

其中，$\theta=\arctan\dfrac{I_1\sin\theta_1+I_2\sin\theta_2}{I_1\cos\theta_1+I_2\cos\theta_2}$。

【例 1.2.4】 如图 1.2.1 所示，在某负载电路中加上正弦交流电压 $e=E\sin\omega t$ 时，有电流 $i=I\sin(\omega t-\varphi)$流过。求证：电路中被供给的瞬时电功率为

$$P=ei=E_eI_e[\cos\varphi-\cos(2\omega t-\varphi)]$$

其中，$E_e=\dfrac{E}{\sqrt{2}}$，$I_e=\dfrac{I}{\sqrt{2}}$分别称为 e 和 i 的有效值。

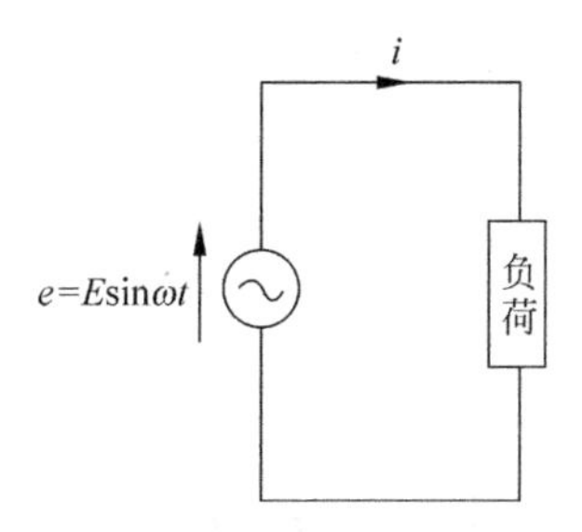

图　1.2.1

解：$P=ei=E\sin\omega t I\sin(\omega t-\varphi)$

$$=EI\left(-\frac{1}{2}\right)\{\cos[\omega t+(\omega t-\varphi)]-\cos[\omega t-(\omega t-\varphi)]\}$$

$$=-\frac{E}{\sqrt{2}}\cdot\frac{I}{\sqrt{2}}[\cos(2\omega t-\varphi)-\cos\varphi]=\frac{E}{\sqrt{2}}\cdot\frac{I}{\sqrt{2}}[\cos\varphi-\cos(2\omega t-\varphi)]$$

令 $E_e=\dfrac{E}{\sqrt{2}}, I_e=\dfrac{I}{\sqrt{2}}$，则

$$P=E_eI_e[\cos\varphi-\cos(2\omega t-\varphi)]$$

【例 1.2.5】　在图 1.2.2 中的三相负荷电路中，各相的电压 e_a、e_b、e_c 和电流 i_a、i_b、i_c 分别为

$$e_a=E\sin\omega t,\quad e_b=E\sin\left(\omega t-\frac{2\pi}{3}\right),\quad e_c=E\sin\left(\omega t-\frac{4\pi}{3}\right)$$

$$i_a=I\sin(\omega t-\varphi),\quad i_b=I\sin\left(\omega t-\frac{2\pi}{3}-\varphi\right),\quad i_c=I\sin\left(\omega t-\frac{4\pi}{3}-\varphi\right)$$

试证：(1) $i_a+i_b+i_c=0$；

(2) 三相瞬时功率 $P=3E_eI_e\cos\varphi$，其中，$E_e=E/\sqrt{2}, I_e=I/\sqrt{2}$。

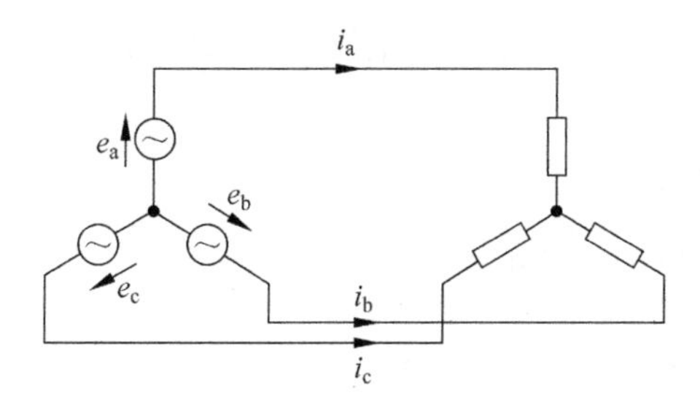

图　1.2.2

证明：(1)　$i_a+i_b+i_c$

$$=I\left[\sin(\omega t-\varphi)+\sin\left(\omega t-\varphi-\frac{2\pi}{3}\right)+\sin\left(\omega t-\varphi-\frac{4\pi}{3}\right)\right]$$

$$=I\left\{\sin(\omega t-\varphi)+\left[\sin(\omega t-\varphi)\cos\left(-\frac{2\pi}{3}\right)+\cos(\omega t-\varphi)\sin\left(-\frac{2\pi}{3}\right)\right]\right.$$

$$+\left[\sin(\omega t-\varphi)\cos\left(-\frac{4\pi}{3}\right)+\cos(\omega t-\varphi)\sin\left(-\frac{4\pi}{3}\right)\right]\Big\}$$

$$=I\left[\sin(\omega t-\varphi)-\frac{1}{2}\sin(\omega t-\varphi)-\frac{\sqrt{3}}{2}\cos(\omega t-\varphi)\right.$$

$$\left.-\frac{1}{2}\sin(\omega t-\varphi)+\frac{\sqrt{3}}{2}\cos(\omega t-\varphi)\right]=0$$

（2）计算 a、b、c 各相的瞬时电功率 P_a、P_b、P_c 如下：

$$P_a=e_a i_a$$

$$=E\sin\omega t I\sin(\omega t-\varphi)$$

$$=-\frac{EI}{2}\{\cos[\omega t+(\omega t-\varphi)]-\cos[\omega t-(\omega t-\varphi)]\}$$

$$=-E_e I_e[\cos(2\omega t-\varphi)-\cos\varphi]$$

$$P_b=e_b i_b$$

$$=E\sin\left(\omega t-\frac{2\pi}{3}\right)I\sin\left(\omega t-\frac{2\pi}{3}-\varphi\right)$$

$$=-E_e I_e\left[\cos\left(2\omega t-\frac{4\pi}{3}-\varphi\right)-\cos\varphi\right]$$

$$P_c=e_c i_c$$

$$=EI\sin\left(\omega t-\frac{4\pi}{3}\right)\sin\left(\omega t-\frac{4\pi}{3}-\varphi\right)$$

$$=-E_e I_e\left[\cos\left(2\omega t-\frac{8\pi}{3}-\varphi\right)-\cos\varphi\right]$$

所以

$$P=P_a+P_b+P_c$$

$$=E_e I_e\left[3\cos\varphi-\cos(2\omega t-\varphi)-\cos\left(2\omega t-\frac{4\pi}{3}-\varphi\right)-\cos\left(2\omega t-\frac{8\pi}{3}-\varphi\right)\right]$$

根据和差化积公式可得

$$\cos\left(2\omega t-\frac{4\pi}{3}-\varphi\right)+\cos\left(2\omega t-\frac{8\pi}{3}-\varphi\right)$$

$$=\cos\left(2\omega t-\frac{4\pi}{3}-\varphi\right)+\cos\left(2\omega t-\frac{2\pi}{3}-\varphi\right)$$

$$=2\cos\frac{\left(2\omega t-\frac{4\pi}{3}-\varphi\right)+\left(2\omega t-\frac{2\pi}{3}-\varphi\right)}{2}\cos\frac{\left(2\omega t-\frac{4\pi}{3}-\varphi\right)-\left(2\omega t-\frac{2\pi}{3}-\varphi\right)}{2}$$

$$=2\cos(2\omega t-\pi-\varphi)\cos\left(-\frac{\pi}{3}\right)=2\left(-\frac{1}{2}\right)\cos(2\omega t-\varphi)=-\cos(2\omega t-\varphi)$$

则
$$\begin{aligned} P &= E_e I_e[3\cos\varphi - \cos(2\omega t - \varphi) + \cos(2\omega t - \varphi)] \\ &= 3E_e I_e \cos\varphi \end{aligned}$$

三相电源一般是由 3 个同频率、等幅值和初相位依次相差 120°的正弦电压源按一定方式连接而成。三相电路是由三相电源和三相负载连接起来组成的系统。

习题 1.2

1. 证明下列关系式。

(1) $a\sin\theta \pm b\cos\theta = \sqrt{a^2+b^2}\sin(\theta \pm \varphi)$，其中，$\varphi = \arctan\dfrac{b}{a}$；

(2) $\sin\left(\theta+\dfrac{\pi}{6}\right)+\sin\left(\theta-\dfrac{\pi}{6}\right)=\sqrt{3}\sin\theta$；

(3) $\cos\left(\theta+\dfrac{\pi}{6}\right)+\cos\left(\theta-\dfrac{\pi}{6}\right)=\sqrt{3}\cos\theta$；

(4) $(\sin\theta \pm \cos\theta)^2 = 1 \pm \sin 2\theta$。

2. 已知 φ 是第三象限的角，且 $\sin\left(\varphi-\dfrac{7\pi}{2}\right)=-\dfrac{1}{5}$，求

$$f(\varphi) = \frac{\sin(\pi-\varphi)\cos(-2\pi-\varphi)}{\sin\left(-\dfrac{\pi}{2}-\varphi\right)\cos(-\varphi+3\pi)}$$ 的值。

3. 已知 $\tan\theta = 2$，求下列各式的值。

(1) $\dfrac{\sin\theta+3\cos\theta}{3\sin\theta-4\cos\theta}$；　　(2) $\dfrac{\sin^2\theta+8\sin\theta\cos\theta-6\cos^2\theta}{3\sin^2\theta-4\cos^2\theta}$。

4. 在图 1.2.3 所示的三相星形交流电源中，当 $e_1 = E\sin\omega t$，$e_2 = E\sin\left(\omega t-\dfrac{2\pi}{3}\right)$，$e_3 = E\sin\left(\omega t-\dfrac{4\pi}{3}\right)$时，试证线间电压分别为

(1) $e_{12} = e_1 - e_2 = \sqrt{3}E\sin\left(\omega t+\dfrac{\pi}{6}\right)$；

(2) $e_{23} = e_2 - e_3 = \sqrt{3}E\sin\left(\omega t-\dfrac{2\pi}{3}+\dfrac{\pi}{6}\right)$；

(3) $e_{31} = e_3 - e_1 = \sqrt{3}E\sin\left(\omega t-\dfrac{4\pi}{3}+\dfrac{\pi}{6}\right)$。

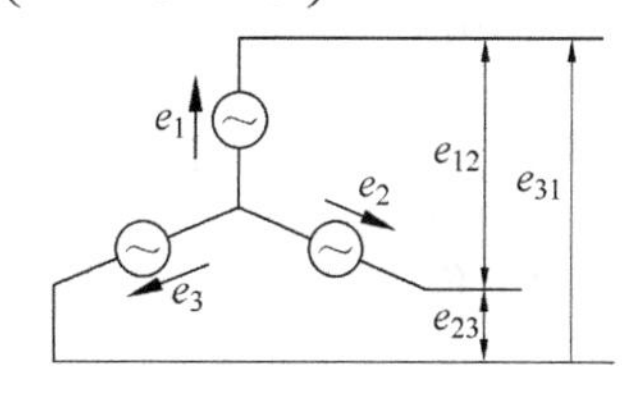

图　1.2.3

1.3 正弦型函数

一般地，形如 $y=A\sin(\omega x+\phi)$（其中 A、ω、ϕ 均为常数，且 $A>0$，$\omega>0$，$\phi\in\mathbf{R}$）的函数称为正弦型函数，其图像称为正弦型曲线。由于 x 取任何实数时，正弦型函数都有意义，所以它的定义域是 **R**。

在物理学、电工学等学科的实际问题所涉及的正弦型函数 $y=A\sin(\omega x+\phi)$ 中，我们把 A 称为振幅，ω 称为角频率（单位 rad/s），ϕ 称为初相（即变量 $x=0$ 时的相位），$T=\dfrac{2\pi}{\omega}$ 称为周期（单位 s），$\omega x+\phi$ 称为相位，$f=\dfrac{1}{T}$ 称为频率（单位 Hz）。

正弦型函数 $y=A\sin(\omega x+\phi)$ 的图像可以由正弦函数 $y=\sin x$ 的图像依次经过下面三个步骤而得到。

(1) 周期变换：把 $y=\sin x$ 的图像上所有点的横坐标伸长（$0<\omega<1$ 时）或缩短（$\omega>1$ 时）到原来的 $\dfrac{1}{\omega}$（纵坐标不变）从而得到 $y=\sin\omega x$。

(2) 相位变换：把 $y=\sin\omega x$ 的图像上所有点向左（$\phi>0$ 时）或向右（$\phi<0$ 时）平移 $\dfrac{|\phi|}{\omega}$ 个单位从而得到 $y=\sin(\omega x+\phi)$。

(3) 振幅变换：把 $y=\sin(\omega x+\phi)$ 的图像上所有点的纵坐标伸长（$A>1$ 时）或缩短（$0<A<1$ 时）到原来的 A 倍（横坐标不变）从而得到 $y=A\sin(\omega x+\phi)$。

这种方法也称变换作图法。

【例 1.3.1】 指出函数 $y=\dfrac{1}{5}\sin\left(2x+\dfrac{\pi}{6}\right)$ 的振幅、周期、初相位、起点坐标。

解：因为 $A=\dfrac{1}{5}$，$\omega=2$，$\phi=\dfrac{\pi}{6}$，则 $-\dfrac{\phi}{\omega}=-\dfrac{\pi}{12}$

所以振幅 $A=\dfrac{1}{5}$，周期 $T=\dfrac{2\pi}{2}=\pi$，初相位 $\phi=\dfrac{\pi}{6}$，起点 $\left(-\dfrac{\pi}{12},0\right)$。

【例 1.3.2】 利用变换作图法画出函数 $y=3\sin\left(2x-\dfrac{\pi}{4}\right)$ 的图像。

解：先在区间 $[0,2\pi]$ 上作出 $y=\sin x$ 一个周期内的图像。

(1) 因为 $\omega=2>1$，所以把正弦曲线 $y=\sin x$ 上所有点的横坐标压缩到原来的 $\dfrac{1}{2}$（纵坐标不变），就得到函数 $y=\sin 2x$ 的图像。

(2) 因为 $\phi=-\dfrac{\pi}{4}<0$，且 $\dfrac{|\phi|}{\omega}=\dfrac{\pi}{8}$，所以把曲线 $y=\sin 2x$ 上所有的点向右平移 $\dfrac{\pi}{8}$ 个

单位，就得到 $y=\sin\left(2x-\frac{\pi}{4}\right)$。

(3) 因为 $A=3>1$，所以把曲线 $y=\sin\left(2x-\frac{\pi}{4}\right)$ 上所有点的纵坐标拉伸到原来的 3 倍(横坐标不变)，就得到 $y=3\sin\left(2x-\frac{\pi}{4}\right)$的图像，如图 1.3.1 所示。

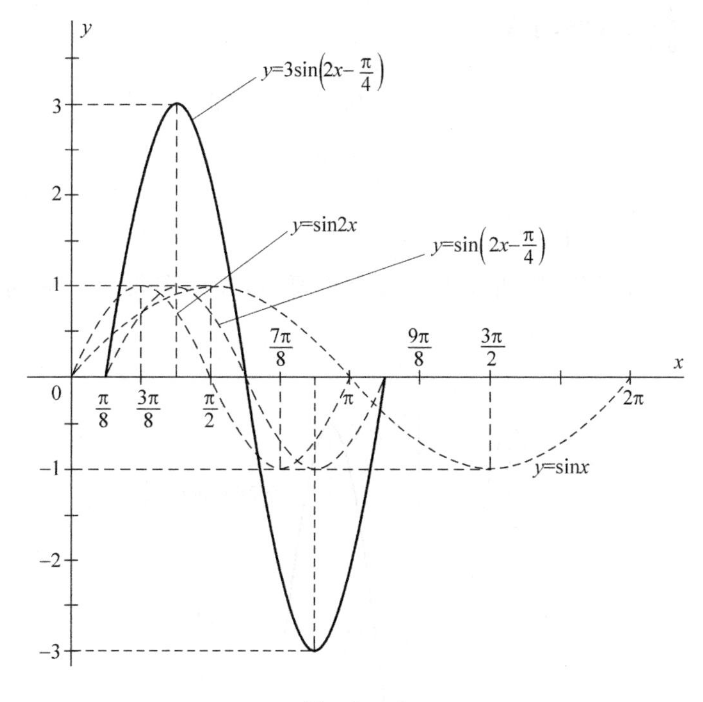

图 1.3.1

根据实际的需要，人们经常用“简化五点法”作正弦型曲线。其步骤为：

(1) 把 $y=A\sin(\omega x+\phi)$改写成 $y=A\sin\omega\left(x+\frac{\phi}{\omega}\right)$。

(2) 求出振幅 A 和周期 $T=\frac{2\pi}{\omega}$。

(3) 在 x 轴上，以$-\frac{\phi}{\omega}$为左端点，作出区间$\left[-\frac{\phi}{\omega},-\frac{\phi}{\omega}+T\right]$。

(4) 将此区间四等分后得五个分点。奇分点顺次对应起点、中点、终点，偶分点顺次对应最高点、最低点。描点连线即得一个周期内的图像。再利用周期性可得 $y=A\sin(\omega x+\phi)$在其定义域 **R** 上的图像。

【例 1.3.3】 已知一正弦电流 i(单位：A)随时间 t(单位：s)的变化规律是 $i=5\sqrt{2}\sin\left(100\pi t-\frac{\pi}{2}\right)$，用“简化五点法”作其图像。

解：(1) $i=5\sqrt{2}\sin\left(100\pi t-\frac{\pi}{2}\right)$

$$=5\sqrt{2}\sin\left[100\pi\left(t-\frac{\pi}{2\times100\pi}\right)\right]$$

$$=5\sqrt{2}\sin[100\pi(t-0.005)]$$

(2) $A=5\sqrt{2}, T=\frac{2\pi}{\omega}=\frac{2\pi}{100\pi}=0.02$。

(3) 因为$-\frac{\phi}{\omega}=0.005$,于是

$$-\frac{\phi}{\omega}+T=0.005+0.02$$
$$=0.025$$

所以区间$\left[-\frac{\phi}{\omega},-\frac{\phi}{\omega}+T\right]=[0.005,0.025]$。

(4) 将此区间四等分,描曲线上的五个重要点,连线即得一个周期内的图像,如图 1.3.2 所示。

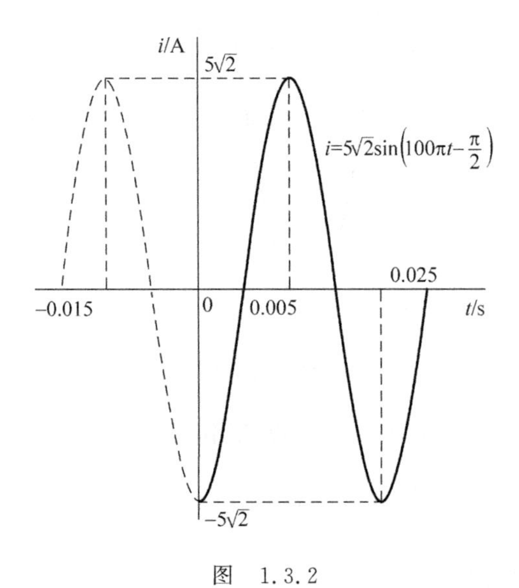

图 1.3.2

根据函数的周期性,将图 1.3.2 中 i 在区间[0.005,0.025]上的图像向左平移 0.02,即得 i 在区间[−0.015,0.005]上的图像。由于 t 的实际意义是时间,即 $t\geqslant0$,所以把电流 i 在区间[−0.015,0]上的图像用虚线画出,在区间[0,0.005]上的图像用实线画出。$t=0.025$ 以后的图像省略。

【例 1.3.4】 已知一正弦电流 i(单位: A)与时间 t(单位: s)的函数关系式为 $i=30\sin\left(100\pi t-\frac{\pi}{4}\right)$,请写出此正弦电流的最大值、周期、频率和初相。

解:电流 i 的最大值

$$i_{\max}=30\text{A}$$

周期为

$$T=\frac{2\pi}{100\pi}=0.02\text{s}$$

频率为

$$f=\frac{1}{T}=\frac{1}{0.02\text{s}}=50\text{Hz}$$

初相位为

$$\phi=-\frac{\pi}{4}$$

【例 1.3.5】 已知一正弦电流 i(单位：A)随时间 t(单位：s)的部分变化曲线如图 1.3.3 所示，试写出 i 与 t 之间的函数关系式。

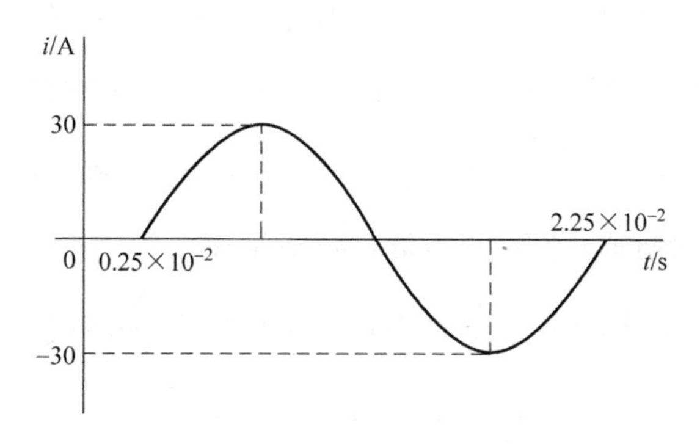

图 1.3.3

解：由图 1.3.3 可知，函数的曲线是正弦型曲线，所以可设所求函数式为

$$i=A\sin(\omega t+\phi)$$

同时，电流 i 的最大值 $A=30\text{A}$。

周期 $T=2.25\times10^{-2}-0.25\times10^{-2}=2\times10^{-2}(\text{s})$。

由 $T=\frac{2\pi}{\omega}$，得 $\omega=\frac{2\pi}{T}=\frac{2\pi}{2\times10^{-2}}=100\pi$

又因为左端点的横坐标 $t=-\frac{\phi}{\omega}=0.25\times10^{-2}$

所以

$$\begin{aligned}\phi&=-\omega\times0.25\times10^{-2}\\&=-100\pi\times0.25\times10^{-2}\\&=-\frac{\pi}{4}\end{aligned}$$

所求函数关系式为

$$i=30\sin\left(100\pi t-\frac{\pi}{4}\right)$$

【例 1.3.6】 已知正弦电压为

$$e(t)=311\cos\left(120\pi t-\frac{\pi}{3}\right)$$

(1) 将此正弦函数沿着 ωt 轴右移 $\pi/4$，试求 $e(t)$ 的表达式；(2)将此正弦函数沿着时间轴右移 125/9ms，求 $e(t)$ 的表达式；(3)要使 $e=311\sin\left(120\pi t-\frac{\pi}{6}\right)$，原来的函数需要右移多少毫秒(ms)？

解：(1) 将正弦函数沿着 ωt 轴右移 $\pi/4$，也就是在相位角上减去 $\pi/4$，得

$$e(t)=311\cos\left(120\pi t-\frac{\pi}{3}-\frac{\pi}{4}\right)=311\cos\left(120\pi t-\frac{7\pi}{12}\right)$$

(2) 当正弦函数沿时间轴右移时，时间 t 要减去一个右移的时间量。于是

$$e(t)=311\cos\left\{120\pi\left(t-\frac{125}{9}\times10^{-3}\right)-\frac{\pi}{3}\right\}=311\cos(120\pi t-2\pi)=311\cos120\pi t$$

注意，这里是沿时间轴 t 平移，而不是沿 ωt 轴平移。

(3) 首先，$e=311\sin\left(120\pi t-\frac{\pi}{6}\right)=311\cos\left(120\pi t-\frac{2\pi}{3}\right)$，由题意得

$$120\pi(t-t_0)-\frac{\pi}{3}=120\pi t-\frac{2\pi}{3}$$

所以

$$t_0=\frac{25}{9}\text{ms}$$

注意，在本例之(3)中，$\left(-\frac{\pi}{3}\right)-\left(-\frac{2\pi}{3}\right)=\frac{\pi}{3}$，这说明 $311\cos\left(120\pi t-\frac{\pi}{3}\right)$超前于 $311\cos\left(120\pi t-\frac{2\pi}{3}\right)$，所以需要将 $311\cos\left(120\pi t-\frac{\pi}{3}\right)$右移才能得到 $311\cos\left(120\pi t-\frac{2\pi}{3}\right)$。

习题 1.3

1. 已知交流电流

$$i(t)=5\cos\left(\omega t+\frac{\pi}{6}\right)$$

的 $f=50\text{Hz}$，求 $t=0.1\text{s}$ 时的电流瞬时值。

2. 已知正弦电压

$$e(t)=100\cos\left(240\pi t+\frac{\pi}{4}\right)\text{mV}$$

求频率 f(单位：Hz)、周期 T(单位：ms)、幅值、初相位、使 $e=0$ 的最小时间 $t(t>0)$。

3. 用“化简五点法”作出下列函数在一个周期内的图像。

(1) $y=3\sin\left(2x+\frac{\pi}{4}\right)$；　　(2) $y=2\cos\left(\frac{1}{2}x-\frac{\pi}{6}\right)$。

4. 已知两个正弦交流电压分别为

$$e_1=36\cos\omega t$$

$$e_2=24\sin\left(\omega t+\frac{\pi}{3}\right)$$

试画出它们在闭区间$[0,2\pi]$上的图形,并比较它们的相位关系。

5. 已知一个正弦交流电压的初相位为$\frac{\pi}{3}$,频率为50Hz,幅值为311V,试写出电压与时间的瞬时表达式,并求当 $t=\frac{1}{200}$s 时的电压值。

6. 已知函数 $y=A\sin(\omega t+\varphi)$在同一周期内,当 $t=\frac{\pi}{12}$时取得最大值 $y=2$,当 $t=\frac{7\pi}{12}$时取得最小值 $y=-2$,求函数的表达式。

7. 对于正弦电压

$$e=170\cos\left(120\pi t-\frac{\pi}{3}\right)$$

(1) 求从 $t=0$ 开始第一次到达 $e=170$V 的时间；(2)正弦函数沿着时间轴右移$\frac{125}{18}$ms,求$e(t)$的表达式；(3)要使 $e=170\cos120\pi t$,函数必须左移多少毫秒(ms)?

1.4 反三角函数

我们知道,三角函数 $y=\sin x$ 在定义域内由 $x\rightarrow y$ 的对应是单值的。反过来,对于每个函数值 y,与之相对应的 x 的值却不是唯一的。这个特性由 $y=\sin x$ 的图像可以清楚地看出。因此,它在定义域内是不存在反函数的。

由函数 $y=\sin x$ 的单调性知,三角函数的定义域可划分为若干个单调区间,在每个单调区间上 $x\leftrightarrow y$ 之间有一一对应关系。特别地,在区间$\left[-\frac{\pi}{2},\frac{\pi}{2}\right]$上,正弦函数 $y=\sin x$ 所确定的对应关系是一对一的,因此,$y=\sin x$ 在$\left[-\frac{\pi}{2},\frac{\pi}{2}\right]$上存在反函数,叫做反正弦函数,记做 $y=\arcsin x$。

对于 $y=\cos x$、$y=\tan x$ 可以进行类似分析。

为了方便起见,我们在主值区间上建立三角函数的反函数——反三角函数,见表1.4.1。

表 1.4.1

三角函数			反三角函数			
名称	主值区间	值域	名称	定义域	值域	图像
$y=\sin x$	$\left[-\frac{\pi}{2},\frac{\pi}{2}\right]$	$[-1,1]$	反正弦函数 $y=\arcsin x$	$[-1,1]$	$\left[-\frac{\pi}{2},\frac{\pi}{2}\right]$	
$y=\cos x$	$[0,\pi]$	$[-1,1]$	反余弦函数 $y=\arccos x$	$[-1,1]$	$[0,\pi]$	
$y=\tan x$	$\left(-\frac{\pi}{2},\frac{\pi}{2}\right)$	$(-\infty,+\infty)$	反正切函数 $y=\arctan x$	$(-\infty,+\infty)$	$\left(-\frac{\pi}{2},\frac{\pi}{2}\right)$	

要注意，反三角函数表示的是一个角，并且它的取值必须在指定的主值区间内。例如 $\arcsin\left(-\frac{\sqrt{3}}{2}\right)$表示正弦值为$-\frac{\sqrt{3}}{2}$的一个角 α，而 $\alpha\in\left[-\frac{\pi}{2},\frac{\pi}{2}\right]$；又如 $\arccos\left(-\frac{\sqrt{2}}{2}\right)$表示余弦值为$-\frac{\sqrt{2}}{2}$的一个角 β，而且 $\beta\in[0,\pi]$。

从表 1.4.1 中的图像可以看出：

(1) 反正弦函数是奇函数，$\arcsin(-y)=-\arcsin(y)$。

(2) 反余弦函数是非奇非偶函数，$\arccos(-y)=\pi-\arccos y$。

(3) 反正切函数是奇函数，$\arctan(-y)=-\arctan y$。

【例 1.4.1】 用反正弦函数表示下列各角。

(1) $\frac{\pi}{6}$　　(2) $-\frac{\pi}{3}$　　(3) $\frac{4\pi}{3}$

解：(1) 因为$\frac{\pi}{6}\in\left[-\frac{\pi}{2},\ \frac{\pi}{2}\right]$且 $\sin\frac{\pi}{6}=\frac{1}{2}$，

所以

$$\frac{\pi}{6}=\arcsin\frac{1}{2}$$

(2) 因为

$$-\frac{\pi}{3}\in\left[-\frac{\pi}{2},\frac{\pi}{2}\right]且\ \sin\left(-\frac{\pi}{3}\right)=-\frac{\sqrt{3}}{2}$$

所以

$$-\frac{\pi}{3}=\arcsin\left(-\frac{\sqrt{3}}{2}\right)$$

(3) 因为

$$\frac{4\pi}{3}\notin\left[-\frac{\pi}{2},\frac{\pi}{2}\right],但\frac{4\pi}{3}=\pi+\frac{\pi}{3},而\frac{\pi}{3}\in\left[-\frac{\pi}{2},\frac{\pi}{2}\right],且\ \sin\frac{\pi}{3}=\frac{\sqrt{3}}{2}$$

所以

$$\frac{4\pi}{3}=\pi+\arcsin\frac{\sqrt{3}}{2}$$

【例 1.4.2】 求下列反三角函数值。

(1) $\arcsin\left(-\frac{\sqrt{2}}{2}\right)$　　(2) $\arctan(-\sqrt{3})$　　(3) $\arccos\left(\cos\frac{5\pi}{4}\right)$

(4) $\cos\left(\arcsin\frac{4}{5}\right)$　　(5) $\tan(2\arctan\alpha)$

解：(1) 因为$\sin\left(-\frac{\pi}{4}\right)=-\frac{\sqrt{2}}{2}$且$-\frac{\pi}{4}\in\left[-\frac{\pi}{2},\frac{\pi}{2}\right]$

所以　$\arcsin\left(-\frac{\sqrt{2}}{2}\right)=-\frac{\pi}{4}$

(2) 因为$\tan\left(-\frac{\pi}{3}\right)=-\sqrt{3}$且$-\frac{\pi}{3}\in\left[-\frac{\pi}{2},\frac{\pi}{2}\right]$

所以　$\arctan(-\sqrt{3})=-\frac{\pi}{3}$

$$\begin{aligned}(3)\ \arccos\left(\cos\frac{5\pi}{4}\right)&=\arccos\left[\cos\left(\pi+\frac{\pi}{4}\right)\right]\\&=\arccos\left(-\cos\frac{\pi}{4}\right)\\&=\arccos\left(-\frac{\sqrt{2}}{2}\right)=\frac{3\pi}{4}\end{aligned}$$

$$\begin{aligned}(4)\ \cos\left(\arcsin\frac{4}{5}\right)&=\sqrt{1-\sin^2\left(\arcsin\frac{4}{5}\right)}\\&=\sqrt{1-\left(\frac{4}{5}\right)^2}=\frac{3}{5}\end{aligned}$$

(5) $\tan(2\arctan\alpha)=\dfrac{2\tan(\arctan\alpha)}{1-\tan^2(\arctan\alpha)}$

$$=\frac{2\alpha}{1-\alpha^2}$$

【例 1.4.3】 已知 $\sin\beta=\dfrac{3}{4}$，试用反三角函数表示 β。

(1) 若 $\beta\in\left[-\dfrac{\pi}{2},\dfrac{\pi}{2}\right]$；　　(2) 若 $\beta\in[0,2\pi]$。

解：(1) 当 $\beta\in\left[-\dfrac{\pi}{2},\dfrac{\pi}{2}\right]$时，$\sin\beta$ 是增函数，所以满足 $\sin\beta=\dfrac{3}{4}$ 的 β 只有一个 $\beta=\arcsin\dfrac{3}{4}$

(2) $\sin\beta$ 在第一、二象限的值均为正，所以在$[0,2\pi]$内满足 $\sin\beta=\dfrac{3}{4}$ 的 β 有两个，分别是 $\beta=\arcsin\dfrac{3}{4}$，$\beta=\pi-\arcsin\dfrac{3}{4}$。

【例 1.4.4】 在如图 1.4.1 所示的电路中，已知电压 $u=220\sqrt{2}\sin314t$，电阻 $R=300\Omega$，自感系数 $L=1.65\text{H}$。根据 $\tan\varphi=\dfrac{\omega L}{R}$，求功率因数角 φ 与功率因数 $\cos\varphi$。

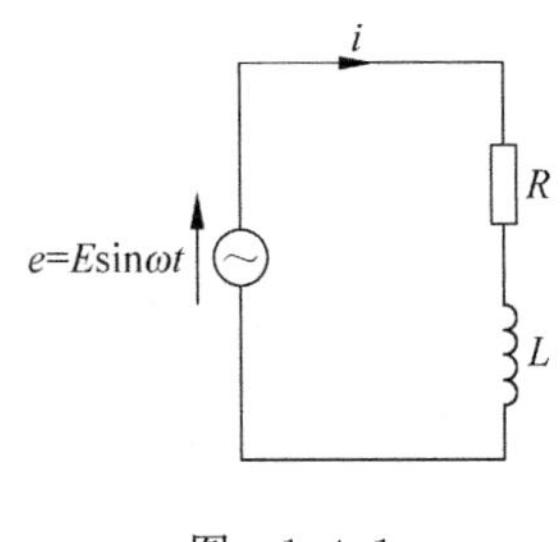

图 1.4.1

解：根据已知条件，得

$$\tan\varphi=\frac{\omega L}{R}=\frac{314\times1.65}{300}=1.727$$

所以

$$\varphi=\arctan1.727\approx60^\circ$$

$$\cos\varphi=\cos60^\circ=0.5$$

在电路理论中，功率因数角是电压初相位与电流初相位之差，即 $\varphi=\varphi_\mu-\varphi_i$。功率因数角的余弦称为功率因数。一般情况下，功率因数并不能确定功率因数角的大小，通常用相位滞后功率因数和超前功率因数来描述。滞后功率因数表示电流滞后于电压，是感性负载；超前功率因数表示电流超前于电压，是容性负载。本例的情况是滞后功率因数。

【例 1.4.5】　已知 $u_1=10\sqrt{2}\sin(314t+60°)$，$u_2=10\sqrt{2}\sin(314t+30°)$，用相量图求 $u=u_1+u_2$。

解：在电路分析中，正弦量 $10\sqrt{2}\sin(314t+60°)$相当于相量 $10\sqrt{2}\angle 60°$，$10\sqrt{2}\sin(314t+30°)$相当于相量 $10\sqrt{2}\angle 30°$，据此可以画出如图 1.4.2 所示向量图。根据平行四边形法则，有

$$\vec{\boldsymbol{U}}=\vec{\boldsymbol{U}}_1+\vec{\boldsymbol{U}}_2$$

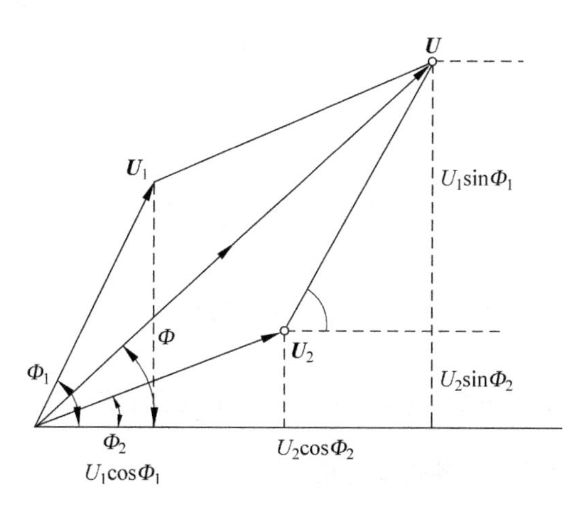

图　1.4.2

由相量图可求得相量的模

$$\begin{aligned}U&=\sqrt{(U_1\cos\Phi_1+U_2\cos\Phi_2)^2+(U_1\sin\Phi_1+U_2\sin\Phi_2)^2}\\&=\sqrt{(10\cos60°+10\cos30°)^2+(10\sin60°+10\sin30°)^2}\\&\approx 27.32\end{aligned}$$

相量的初相位

$$\begin{aligned}\phi&=\arctan\frac{U_1\sin\Phi_1+U_2\sin\Phi_2}{U_1\cos\Phi_1+U_2\cos\Phi_2}\\&=\arctan\frac{10\sin60°+10\sin30°}{10\cos60°+10\cos30°}\\&=\arctan\frac{10\times\frac{\sqrt{3}}{2}+10\times\frac{1}{2}}{10\times\frac{1}{2}+10\times\frac{\sqrt{3}}{2}}\\&=45°\end{aligned}$$

所以

$$u=u_1+u_2=27.32\sin(314t+45°)$$

习题 1.4

1. 求下列反三角函数的值。

(1) $\arcsin\left(-\frac{1}{2}\right)$　　(2) $\arccos\frac{\sqrt{3}}{2}$

(3) $\arctan(-1)$　　(4) $\arccos(-1)$

(5) $\arccos\left(-\frac{1}{2}\right)$　　(6) $\arcsin\frac{\sqrt{3}}{2}$

2. 已知 $A=\arcsin\left(-\frac{1}{\sqrt{2}}\right)$,求角 A 的 4 个三角函数值。

3. 已知 $B=\arctan\frac{\sqrt{3}}{2}$,求角 B 的 4 个三角函数值。

4. 在$\triangle ABC$ 中,已知 $\sin A=\frac{35}{48}$,试用反三角函数表示角 A。

5. 用反三角函数表示下列各式中的角 x。

(1) $\sin x=-\frac{1}{3}, x\in[0,2\pi]$;　　(2) $\cos x=-\frac{2}{3}, x\in[-3\pi,-\pi]$。

6. 求证以下反三角函数的三角运算公式。

(1) $\sin(\arcsin x)=x, |x|\leqslant 1$;　　(2) $\cos(\arccos x)=x, |x|\leqslant 1$;

(3) $\tan(\arctan x)=x, x\in\boldsymbol{R}$。

7. 求证以下三角函数的反三角运算公式。

(1) $\arcsin(\sin x)=x, x\in\left[-\frac{\pi}{2},\frac{\pi}{2}\right]$;(2) $\arccos(\cos x)=x, x\in[0,\pi)$;

(3) $\arctan(\tan x)=x, x\in\left(-\frac{\pi}{2},\frac{\pi}{2}\right)$。

1.5　解直角三角形

解三角形是机械制造中很普遍的数学方法,分为解直角三角形和解斜三角形。它们都是通过寻找三角形的边角关系,运用三角函数进行求解的。这里先介绍解直角三角形。

在直角三角形中,除直角外,有 5 个元素:3 条边和 2 个锐角。只要知道 5 个元素中的 2 个元素(至少已知 1 条边),就可以利用勾股定理和边角关系,求出其余未知的 3 个元素,这个过程称为解直角三角形。具体关系见表 1.5.1。

表 1.5.1

<table>
<tr><th colspan="2">图　形</th><th>关　系　式</th></tr>
<tr><td colspan="2" rowspan="3">A
邻边 b　斜边 c
C　对边 a　B</td><td>$a^2+b^2=c^2$</td></tr>
<tr><td>$A+B=90°$</td></tr>
<tr><td>$\sin A=\frac{a}{c}$，$\cos A=\frac{b}{c}$，$\tan A=\frac{a}{b}$</td></tr>
<tr><td rowspan="3">应用</td><td>已知条件</td><td>具体解法</td></tr>
<tr><td>1 条直角边和 1 个锐角</td><td></td></tr>
<tr><td>1 条斜边和 1 个锐角</td><td></td></tr>
</table>

下面通过一些实例来说明解直角三角形在机械加工中的应用。

【例 1.5.1】 如图 1.5.1 所示为一圆锥零件，试推导锥度 C 与锥角 α 的关系式：

$$\tan\frac{\alpha}{2}=\frac{C}{2}$$

图中 $\frac{\alpha}{2}$ 为圆锥半角(°)，D 为最大圆锥直径(工件大端直径，mm)，d 为最小圆锥直径(工件小端直径，mm)，L 为锥形长度(mm)，$C=\frac{D-d}{L}$ 为锥度，指最大圆锥直径与最小圆锥直径之差与锥形长度之比。如果零件既有圆锥体又有圆柱体，那么其全部长度用 L_0 表示。

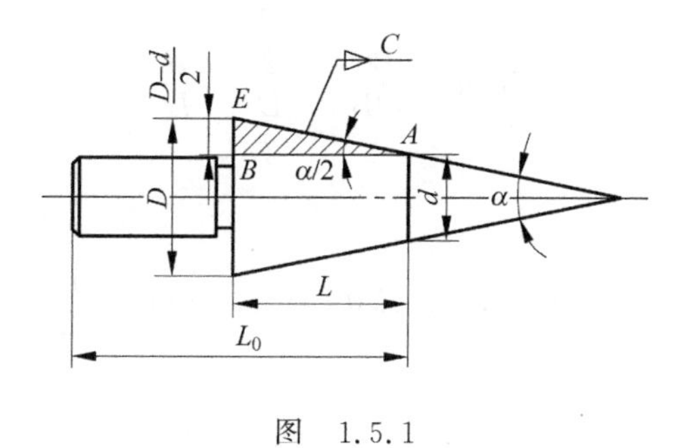

图　1.5.1

解：如图 1.5.1 所示的 Rt△ABE 中

$$BE=\frac{D-d}{2}\quad \angle BAE=\frac{\alpha}{2}\quad BA=L$$

所以

$$\tan\frac{\alpha}{2}=\frac{BE}{BA}=\frac{\frac{D-d}{2}}{L}=\frac{1}{2}\times\frac{D-d}{L}=\frac{C}{2}$$

【例 1.5.2】 用车床切削圆球时，需改装车床。因为除了工件旋转之外，装车刀用的刀具盘也要旋转，如图 1.5.2 所示。但刀具盘旋转轴线应与工件旋转轴线成一角度，并把两把刀尖的距离调节好。计算方法如下：

（1）$\sin 2\alpha=\dfrac{d}{D}$　　　　（2）$e=D\cos\alpha$

式中，α 为刀具盘应转过的角度(°)，d 为圆球柄的直径(mm)，D 为圆球直径(mm)，e 为刀具盘上两刀尖间的距离(mm)。试推导上述二式。

解：作计算图如图 1.5.3 所示，在 Rt△BOC 中

$$\angle COB = 2\angle CAB = 2\alpha \quad BC = \frac{d}{2} \quad OB = \frac{D}{2}$$

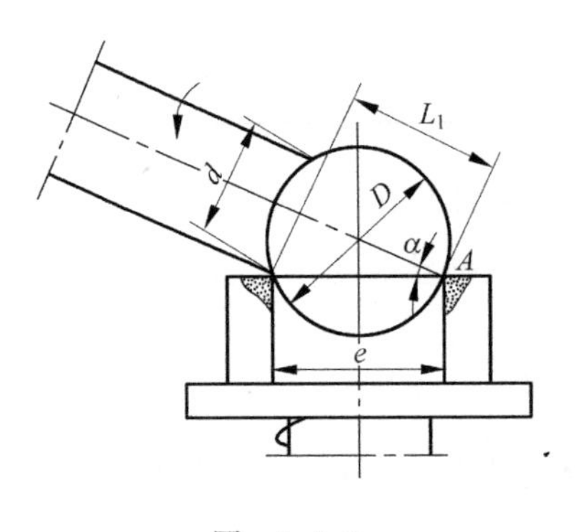

图 1.5.2

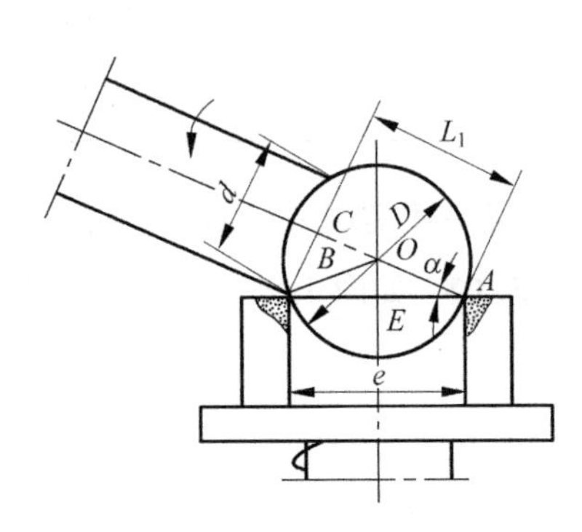

图 1.5.3

所以

$$\sin 2\alpha = \frac{BC}{OB} = \frac{\frac{d}{2}}{\frac{D}{2}} = \frac{d}{D}$$

在 Rt△AOE 中

$$AE = \frac{e}{2}, \quad \angle EAO = \alpha, \quad OA = \frac{D}{2}$$

所以

$$\cos\alpha = \frac{AE}{OA} = \frac{\frac{e}{2}}{\frac{D}{2}} = \frac{e}{D}$$

故

$$e = D\cos\alpha$$

【例 1.5.3】 圆锥孔的大端直径很难直接测量，可以通过间接测量再计算的方法得出较精确的尺寸。具体方法是把一个钢球放入圆锥孔内（见图 1.5.4），用深度螺旋测微仪或游标卡尺量出尺寸 h，然后用公式 $D=\dfrac{D_0}{\cos\dfrac{\alpha}{2}}+(D_0-2h)\tan\dfrac{\alpha}{2}$ 就可以计算大端直

径，试推导该公式。式中，D 为圆锥孔大端直径(mm)，D_0 为钢球直径(mm)，h 为钢球露出工件端面的高度(mm)，$\frac{\alpha}{2}$ 为圆锥半角(°)。

解：作计算图如图 1.5.5 所示，点 B、F 为垂足(点 F 也是圆与直线的切点)。

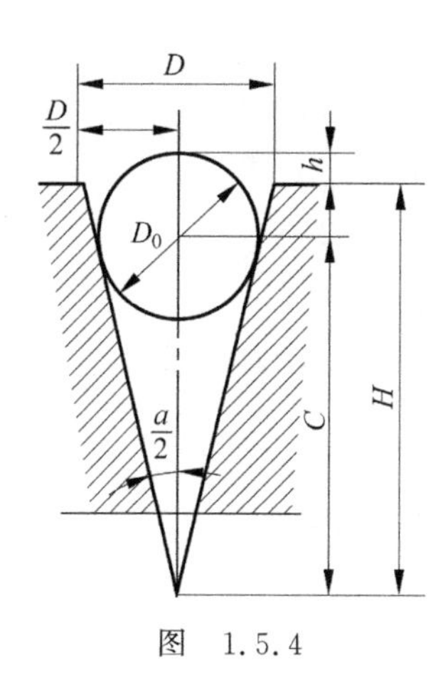

图　1.5.4

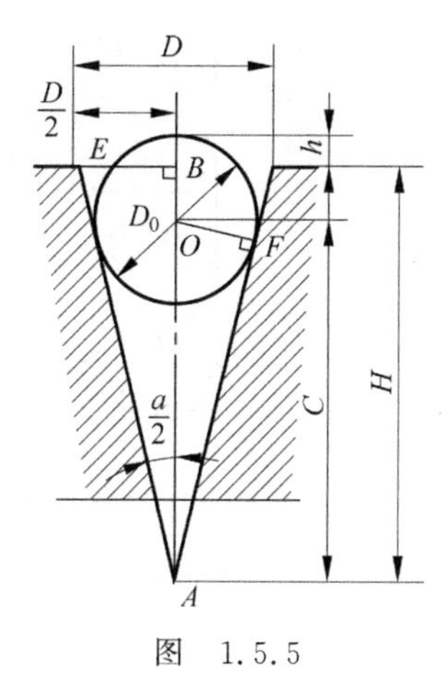

图　1.5.5

在 Rt△AOF 中

$$AO = C \quad OF = \frac{D_0}{2} \quad \angle OAF = \frac{\alpha}{2}$$

所以

$$\sin\frac{\alpha}{2} = \frac{OF}{AO} = \frac{\frac{D_0}{2}}{C}$$

则

$$C = \frac{\frac{D_0}{2}}{\sin\frac{\alpha}{2}} = \frac{D_0}{2\sin\frac{\alpha}{2}}$$

在 Rt△AEB 中

$$BE = \frac{D}{2} \quad AB = H \quad \angle BAE = \frac{\alpha}{2}$$

所以

$$\tan\frac{\alpha}{2} = \frac{BE}{AB} = \frac{\frac{D}{2}}{H}$$

因此

$$\frac{D}{2} = H\tan\frac{\alpha}{2}$$

又因为

$$H = C + \frac{D_0}{2} - h$$

所以

$$\begin{aligned}\frac{D}{2} &= \left(C + \frac{D_0}{2} - h\right)\tan\frac{\alpha}{2} \\ &= \left[\frac{D_0}{\cos\frac{\alpha}{2}} + \left(\frac{D_0}{2} - h\right)\right]\tan\frac{\alpha}{2} \\ &= \frac{D_0}{2\sin\frac{\alpha}{2}} \cdot \tan\frac{\alpha}{2} + \frac{1}{2}(D_0 - 2h)\tan\frac{\alpha}{2} \\ &= \frac{D_0}{2\cos\frac{\alpha}{2}} + \frac{1}{2}(D_0 - 2h)\tan\frac{\alpha}{2}\end{aligned}$$

即

$$D = \frac{D_0}{\cos\frac{\alpha}{2}} + (D_0 - 2h)\tan\frac{\alpha}{2}$$

【例 1.5.4】 如图 1.5.6 所示为开口式平带传动图，试推导平带的长度计算公式 $L = 2a + \frac{\pi}{2}(D+d) + \frac{(D-d)^2}{4a}$。

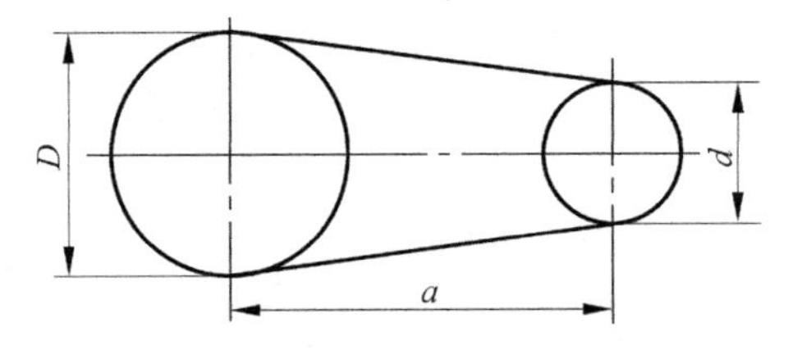

图 1.5.6

解：作计算图如图 1.5.7 所示。设带长为 L，则由图形的对称性得

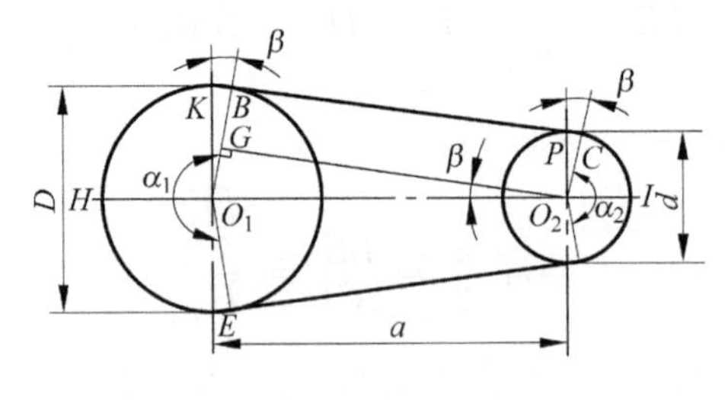

图 1.5.7

$$L = 2(\widehat{HB} + BC + \widehat{CI})$$

作

$$O_2G \perp O_1B$$

则

$$BC = GO_2$$

由于

$$\angle GO_2O_1 + \angle GO_1O_2 = \angle KO_1B + \angle GO_1O_2 = 90°$$

所以

$$\angle KO_1B = \angle GO_2O_1 = \beta$$

同理

$$\angle PO_2C = \angle GO_2O_1 = \beta$$

故有

$$\angle KO_1B = \angle PO_2C = \angle GO_2O_1 = \beta$$

$$\alpha_1 = \pi + 2\beta$$

$$\alpha_2 = \pi - 2\beta$$

由弧长公式得

$$\widehat{HB} = \frac{\alpha_1}{2} \times \frac{D}{2} = \frac{\pi + 2\beta}{2} \times \frac{D}{2} = \frac{D}{2}\left(\frac{\pi}{2} + \beta\right)$$

$$\widehat{CI} = \frac{\alpha_2}{2} \times \frac{d}{2} = \frac{\pi - 2\beta}{2} \times \frac{d}{2} = \frac{d}{2}\left(\frac{\pi}{2} - \beta\right)$$

在 $Rt\triangle O_2O_1G$ 中

$$GO_2 = \sqrt{O_1O_2^2 - O_1G^2} = \sqrt{a^2 - \left(\frac{D-d}{2}\right)^2}$$

$$\sin\beta = \frac{O_1G}{O_1O_2} = \frac{\frac{D-d}{2}}{a}$$

$$= \frac{D-d}{2a}$$

当 $\beta \leqslant 5°$时，有 $\sin\beta \approx \beta$，所以

$$\beta = \frac{D-d}{2a}$$

又因为 $\sqrt{1-x} \approx 1-\frac{x}{2}$，所以

$$\sqrt{a^2-\left(\frac{D-d}{2}\right)^2} = \sqrt{a^2\left[1-\left(\frac{D-d}{2a}\right)^2\right]}$$

$$= a\sqrt{1-\left(\frac{D-d}{2a}\right)^2}$$

$$\approx a\left[1-\frac{1}{2}\times\left(\frac{D-d}{2a}\right)^2\right]$$

$$= a-\frac{(D-d)^2}{8a}$$

综合上述结果，得

$$L = D\left(\frac{\pi}{2}+\beta\right)+d\left(\frac{\pi}{2}-\beta\right)+2\sqrt{a^2-\left(\frac{D-d}{2}\right)^2}$$

$$= \frac{\pi}{2}(D+d)+\beta(D-d)+2\sqrt{a^2-\left(\frac{D-d}{2}\right)^2}$$

$$= \frac{\pi}{2}(D+d)+\frac{D-d}{2a}(D-d)+2\left(a-\frac{(D-d)^2}{8a}\right)$$

$$= 2a+\frac{\pi}{2}(D+d)+\frac{(D-d)^2}{4a}$$

在实际应用中，计算皮带长度均采用上述的近似公式。求得的皮带长度要取整数，还必须按照有关国家标准进行修正，取一个等于计算长度的值；如果没有，则取一个最接近的稍大值。

【例 1.5.5】 试根据图 1.5.8 所示的零件尺寸求角 α。

解：作计算图如图 1.5.9 所示，点 B 为切点，则

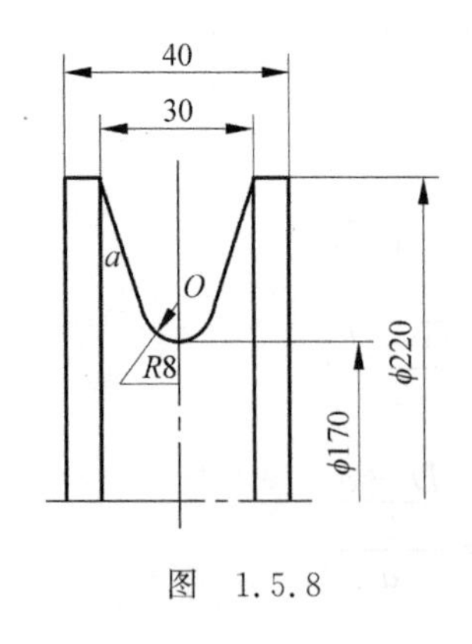

图 1.5.8

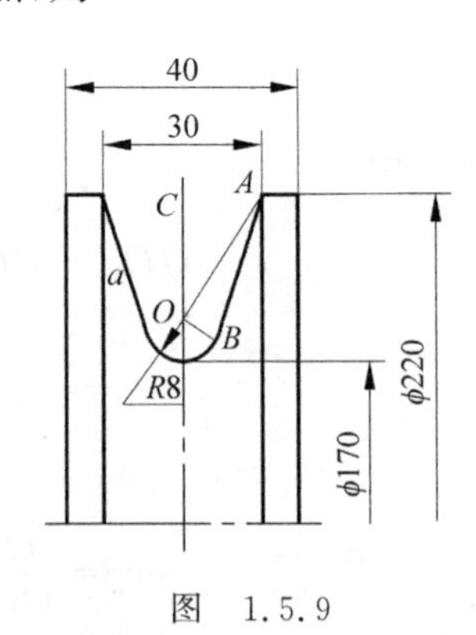

图 1.5.9

$$OB = 8,\quad OB \perp AB$$

在 Rt$\triangle AOC$ 中

$$AC = \frac{30}{2} = 15\quad OC = \frac{220}{2} - \frac{170}{2} - 8 = 17$$

所以

$$AO = \sqrt{AC^2 + OC^2} = \sqrt{15^2 + 17^2} \approx 22.672$$

且

$$\tan\angle OAC = \frac{OC}{AC} = \frac{17}{15} \approx 1.133$$

则

$$\angle OAC \approx 48°34'$$

所以，在 Rt$\triangle AOB$ 中

$$\sin\angle OAB = \frac{OB}{AO} = \frac{8}{22.672} = 0.353$$

则

$$\angle OAB = 22°40'$$

所以由对称性得

$$\alpha = 90° - \angle OAC - \angle OAB = 90° - 48°34' - 22°40' = 20°46'$$

【例 1.5.6】 如图 1.5.10 所示的一块型板，在下料和加工测量时，需计算 H 值。试根据图示尺寸计算。

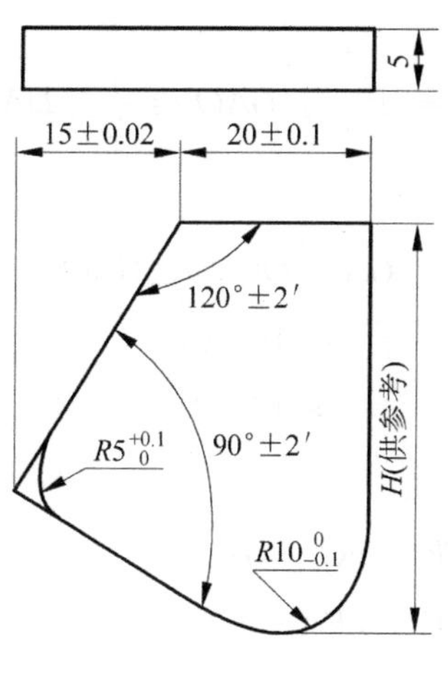

图　1.5.10

解：作计算图如图 1.5.11 和图 1.5.12 所示。在 Rt$\triangle DAF$ 中

$$DF = 15 + 20 = 35$$

$$\angle DAF = 180^\circ - 120^\circ = 60^\circ$$

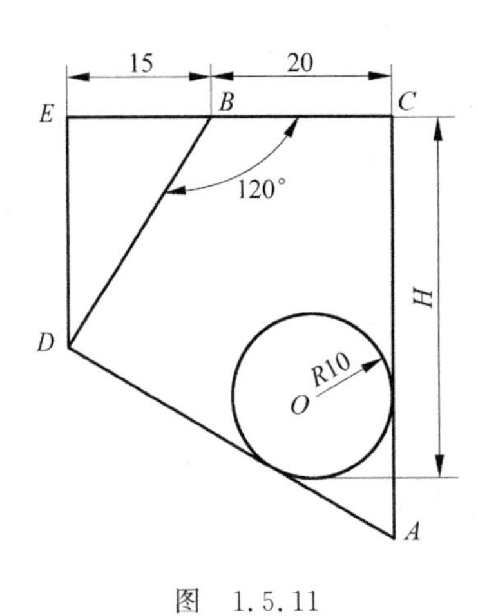

图 1.5.11

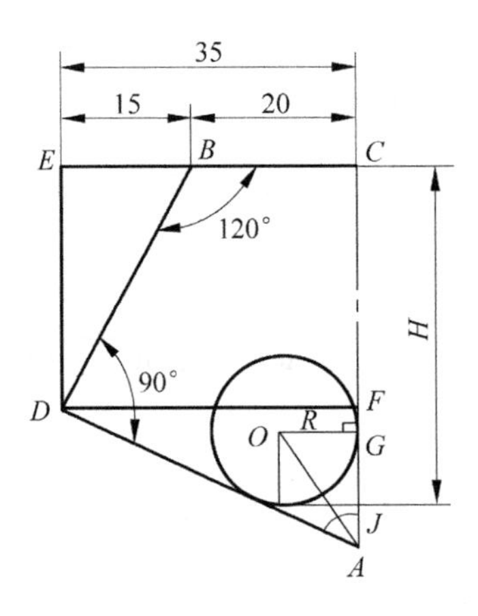

图 1.5.12

所以

$$\begin{aligned} FA &= DF\cot\angle DAF \\ &= 35\cot 60^\circ \approx 20.207 \end{aligned}$$

在 Rt$\triangle BDE$ 中

$$EB = 15 \quad \angle BDE = 90^\circ - 60^\circ = 30^\circ$$

所以

$$\begin{aligned} CF = DE &= EB\cot\angle BDE \\ &= 15\cot 30^\circ \approx 25.981 \end{aligned}$$

在 Rt$\triangle OAG$ 中

$$OG = R = 10 \quad \angle GAO = \frac{1}{2}\angle DAF = 30^\circ$$

所以

$$\begin{aligned} GA &= OG\cot\angle GAO \\ &= 10\cot 30^\circ \\ &\approx 17.321 \end{aligned}$$

所以

$$\begin{aligned} H &= CF + FG + GJ \\ &= CF + (FA - GA) + R \\ &= 25.981 + (20.207 - 17.321) + 10 \\ &\approx 38.87 \end{aligned}$$

【例 1.5.7】 在数控机床上加工零件，已知编程用轮廓尺寸如图 1.5.13 所示，试计算切点 B 相对于点 A 的距离。

解：根据零件轮廓尺寸图作出计算分析图如图 1.5.14 所示。在 Rt△AHC 中

$$HA = 45 - 10 - 14 = 21$$

$$\angle CAH = \frac{60^\circ}{2} = 30^\circ$$

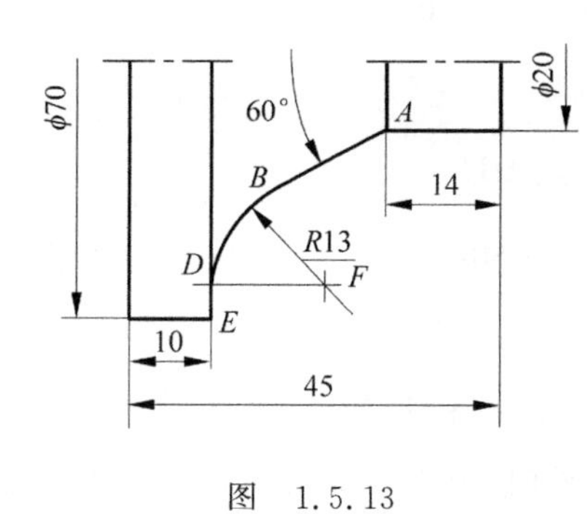

图　1.5.13

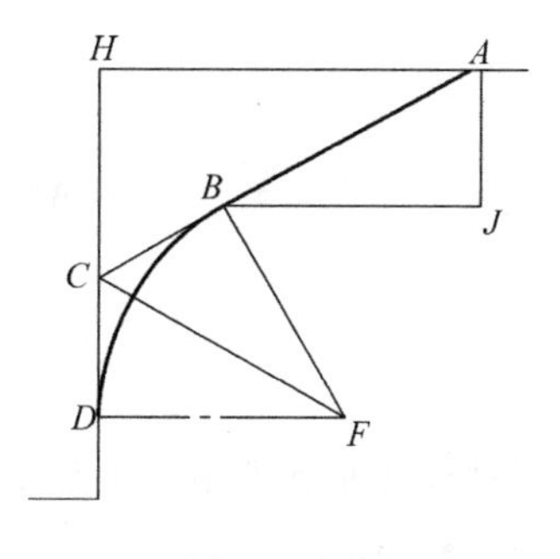

图　1.5.14

所以

$$AC = \frac{HA}{\cos\angle CAH} = \frac{21}{\cos 30^\circ} \approx 24.249$$

在 Rt△CFD 中

$$DF = R = 13$$

$$\angle CFD = \frac{1}{2}\angle BFD = \frac{1}{2}\angle HCA = \frac{1}{2} \times 60^\circ = 30^\circ$$

所以

$$CD = BC = DF\tan\angle CFD = 13 \times \tan 30^\circ \approx 7.506$$

在 Rt△ABJ 中

$$AB = AC - BC = 24.249 - 7.506 = 16.743$$

$$\angle ABJ = \angle CAH = 30^\circ$$

所以

$$\begin{aligned} BJ &= AB\cos\angle ABJ \\ &= 16.743 \times \cos 30^\circ \\ &\approx 14.50 \\ AJ &= AB\sin\angle ABJ \\ &= 16.743 \times \sin 30^\circ \\ &\approx 8.37 \end{aligned}$$

即切点 B 相对点 A 的水平和垂直距离分别是 14.50 和 8.37。

【例 1.5.8】 加工如图 1.5.15 所示的零件时，要先计算出圆心 O 相对于点 A 的距离。试计算点 O 相对点 A 的水平距离和垂直距离。

解：作计算图如图 1.5.16 所示。在 Rt△ABE 中

$$BE = 100 \quad \angle BAE = 65^\circ$$

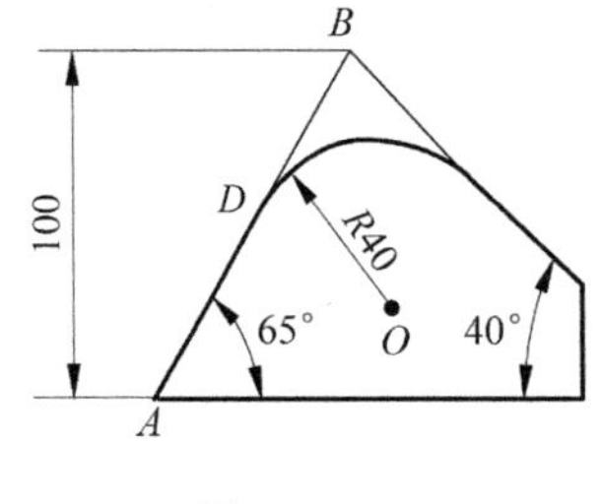

图 1.5.15

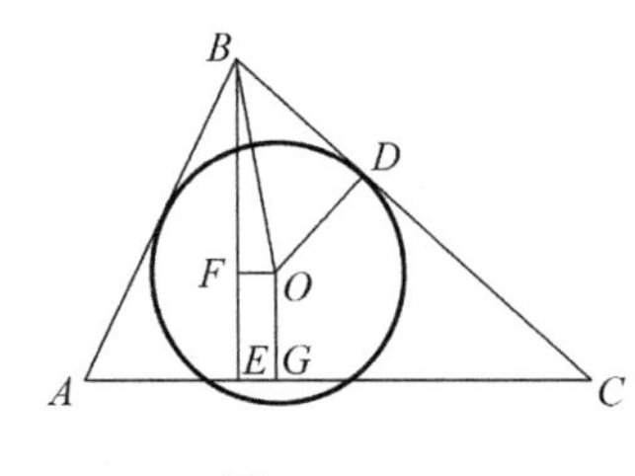

图 1.5.16

所以

$$\begin{aligned} \angle ABE &= 25^\circ \\ AE &= BE\cot\angle BAE \\ &= 100 \times \cot 65^\circ \\ &\approx 46.631 \end{aligned}$$

因为

$$\angle C = 40^\circ$$

所以

$$\begin{aligned} \angle OBD &= \frac{1}{2}\angle ABC \\ &= \frac{1}{2} \times (180^\circ - 65^\circ - 40^\circ) \end{aligned}$$

$$=37.5°$$

则

$$\angle OBF=37.5°-25°$$
$$=12.5°$$

因为

$$OD=R=40$$

所以

$$OB=\frac{OD}{\sin\angle OBD}$$
$$=\frac{40}{\sin 37.5°}$$
$$\approx 65.707$$

因此

$$OF=OB\times\sin\angle OBF$$
$$=65.707\times\sin 12.5°$$
$$\approx 14.222=EG$$
$$BF=OB\times\cos\angle OBF$$
$$=65.707\times\cos 12.5°$$
$$\approx 64.149$$

所以

$$AG=AE+EG$$
$$=46.631+14.222$$
$$\approx 60.85$$
$$OG=EF$$
$$=BE-BF$$
$$=100-64.149$$
$$\approx 35.85$$

即圆心 O 相对于点 A 的水平和垂直距离分别是 60.85 和 35.85。

习题 1.5

1. 如图 1.5.17 所示的四齿刀具轮廓，加工时先车好直径为 d 的圆柱，然后铣出 R 为 24.5mm 的四段圆弧，试求 d 的大小。

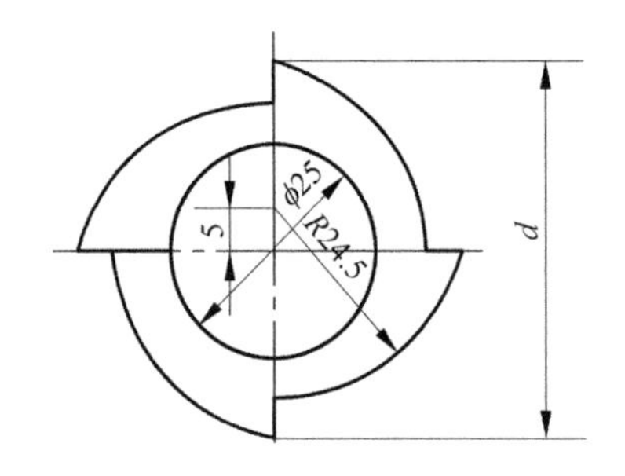

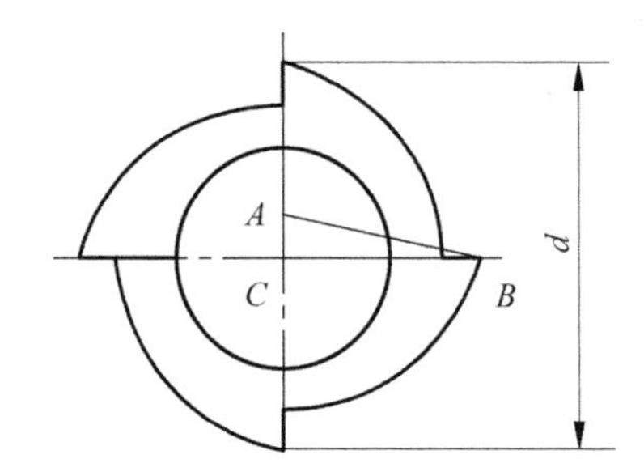

图 1.5.17

2. 有一只碎轮残留一小部分，如图 1.5.18 所示。若用卡尺量得它的宽度为 $L=60\text{mm}$，高度为 $H=12\text{mm}$，求此碎轮的原圆直径 D。

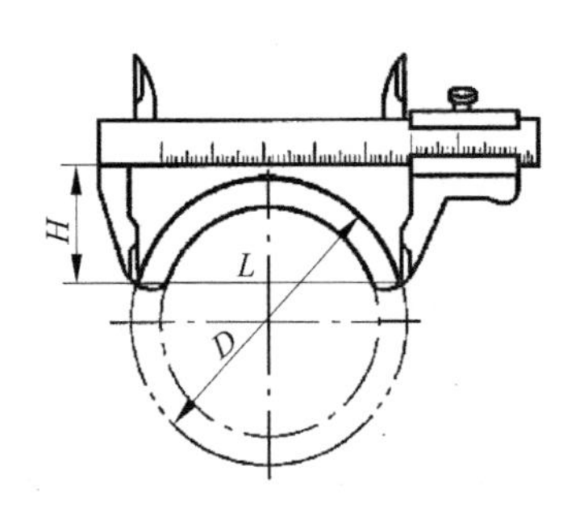

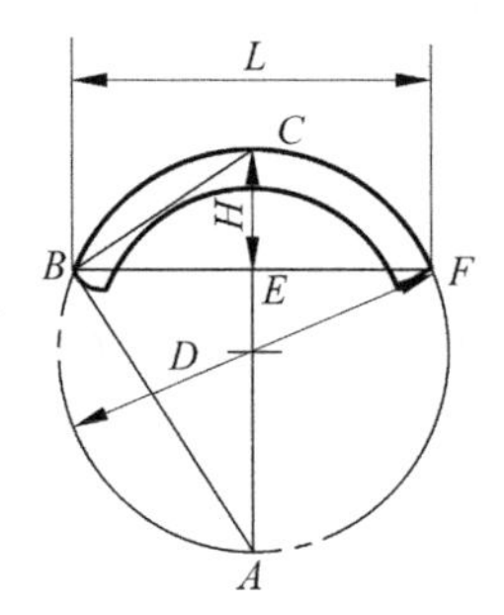

图 1.5.18

3. 用两个直径不同的钢球可以间接测量圆柱孔直径。测量时，先把工件放在平板上，再分别放入钢球，如图 1.5.19 所示。试推导下面的公式：

$$D=\frac{1}{2}(D_0+d_0)+\sqrt{(D_0+d_0)^2-\left[\frac{1}{2}(D_0-d_0)+H-h\right]^2}$$

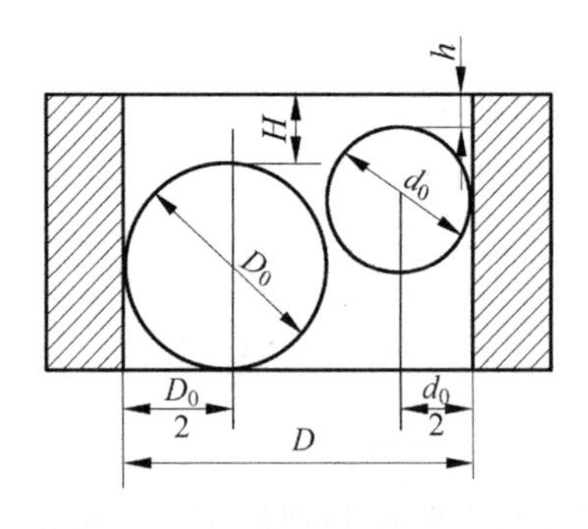

图 1.5.19

其中，D 表示圆柱孔直径(mm)，D_0 表示大钢球直径(mm)，d_0 表示小钢球直径(mm)，H 表示大钢球与工件端面之间的距离(mm)，h 表示小钢球与工件端面之间的距离(mm)。

4. 某量规尺寸如图 1.5.20 所示，用 $\phi 20$ 的钢球检验，试计算 x 的值。

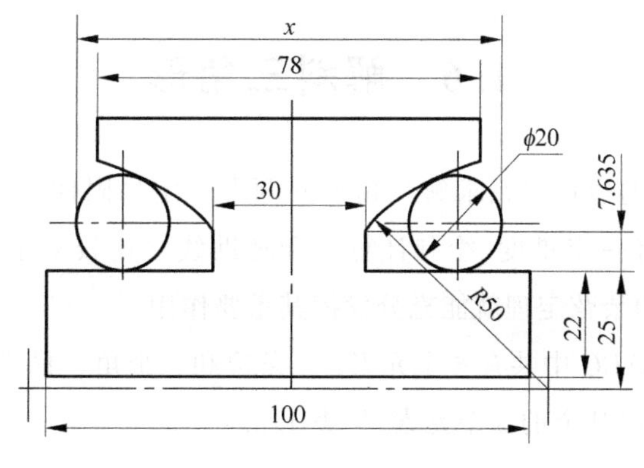

图　1.5.20

5. 如图 1.5.21 所示零件部分结构和尺寸，在铣削型腔时需要计算角度 α 和尺寸 H。

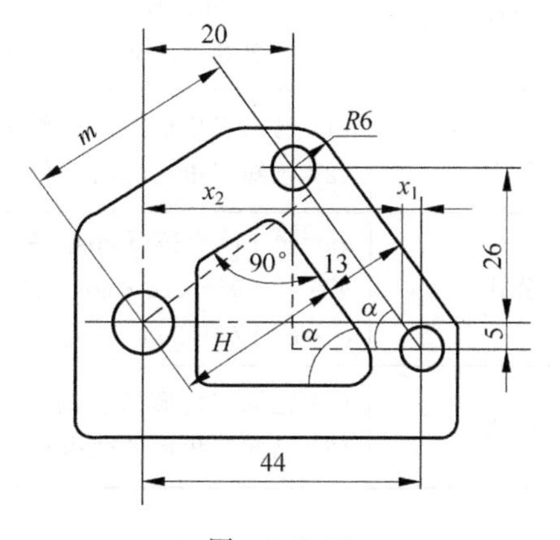

图　1.5.21

6. 如图 1.5.22 所示，要在坐标镗床上加工各孔，并以孔 A 为找正基准(坐标原点)，试将图中各尺寸换算成坐标尺寸。

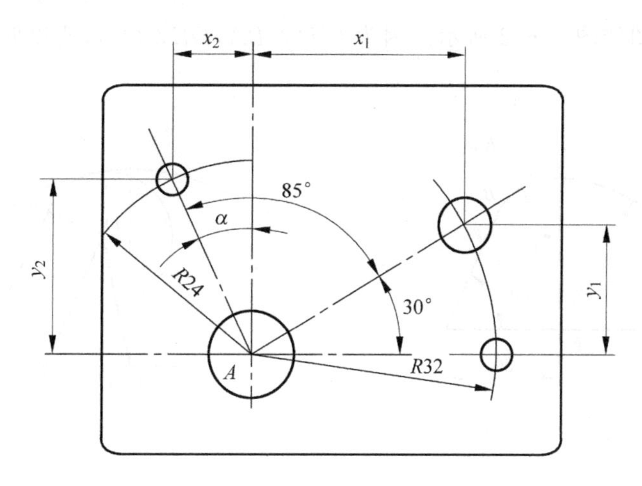

图　1.5.22

1.6 解斜三角形

运用直角三角形的边角关系求解三角形问题有一定局限性。对于一些特殊形状的零件，其加工与检测有一定难度，绘制计算图和辅助线会比较复杂，需要运用一定的技巧。此时，正弦定理和余弦定理就能充分发挥其重要作用。

在任意三角形$\triangle ABC$中共有 6 个元素：三条边和三个角。只要已知三个元素(至少要有一条边)，则可求出其余的 3 个元素，见表 1.6.1。

表 1.6.1

正弦定理	公式	$\frac{a}{\sin\angle A}=\frac{b}{\sin\angle B}=\frac{c}{\sin\angle C}=2R$ (其中，R是$\triangle ABC$的外接圆半径)
	应用	(1) 已知三角形的两角和任意一边，求其他元素 (2) 已知三角形的两边和其中一边的对角，求其他元素
余弦定理	公式	$a^2=b^2+c^2-2bc\cdot\cos\angle A$ $b^2=c^2+a^2-2ca\cdot\cos\angle B$ $c^2=a^2+b^2-2ab\cdot\cos\angle C$
	应用	(1) 已知三角形三边，求其他元素 (2) 已知三角形的两边和夹角，求其他元素

下面通过一些例子介绍特殊形状零件加工和测量检验中的三角计算。

【例 1.6.1】 试计算图 1.6.1 中 $R28$ 圆心 O' 相对于 $R100$ 圆心 O 的距离(点 B 为切点)。

解：作计算图如图 1.6.2 所示。因为 $O'D\parallel BA$，$DE\parallel O'B$，所以四边形 $O'BED$ 是平行四边形。

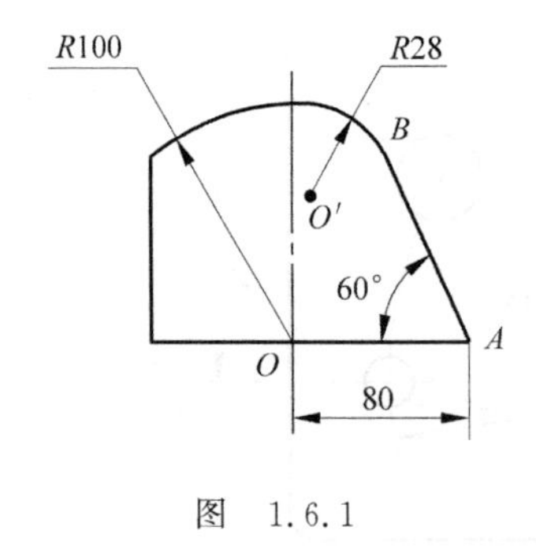

图 1.6.1

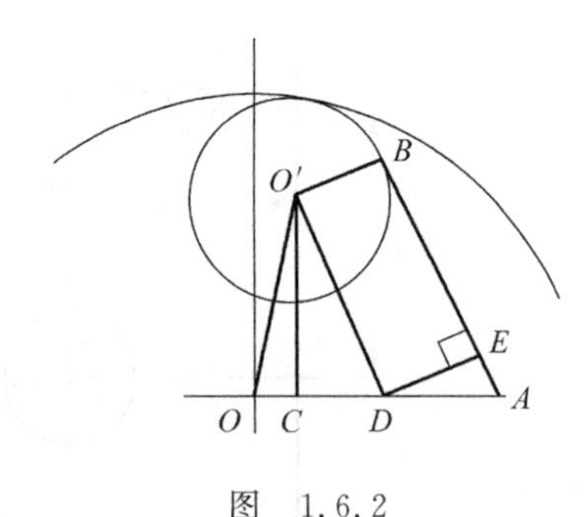

图 1.6.2

又因为 $O'B\perp BA$(点 B 为切点)，$O'B=28$，所以

$$DE=28\quad DE\perp BA$$

由于

$$\angle A = 60^\circ$$

所以解 Rt$\triangle ADE$ 得

$$\angle EDA = 30^\circ$$

$$\begin{aligned} DA &= \frac{DE}{\sin\angle A} \\ &= \frac{28}{\sin 60^\circ} \\ &\approx 32.332 \end{aligned}$$

所以

$$\begin{aligned} OD &= OA - DA \\ &= 80 - 32.332 \\ &= 47.668 \end{aligned}$$

因为

$$O'O = 100 - 28 = 72, \quad \angle A = 60^\circ$$

由正弦定理得

$$\frac{O'O}{\sin\angle O'DO} = \frac{OD}{\sin\angle OO'D}$$

即

$$\frac{72}{\sin 60^\circ} = \frac{47.668}{\sin\angle OO'D}$$

所以

$$\angle OO'D \approx 34^\circ 59'$$

则

$$\begin{aligned} \angle OO'C &= 180^\circ - 60^\circ - 34^\circ 59' \\ &= 85^\circ 1' \end{aligned}$$

所以

$$OC = O'O \cdot \cos\angle O'OC = 72\cos 85^\circ 1' \approx 6.25$$

$$O'C = O'O \cdot \sin\angle O'OC = 72\sin 85^\circ 1' \approx 71.73$$

即 $R28$ 圆心 O' 相对于 $R100$ 圆心 O 的水平、垂直距离分别是 6.25 和 71.73。

【例 1.6.2】 在数控机床上加工如图 1.6.3 所示的零件，试根据图中尺寸计算 $R25$ 圆心相对于 $R100$ 圆心的距离。

解：分析零件的几何图形关系和尺寸，作辅助线得计算图如图 1.6.4 所示。点 O、O_1 分别是圆 $R100$、$R25$ 的圆心，$O_1G // AH$，x_1、y_1 表示 $R25$ 圆心相对于 $R100$ 圆心的距离。

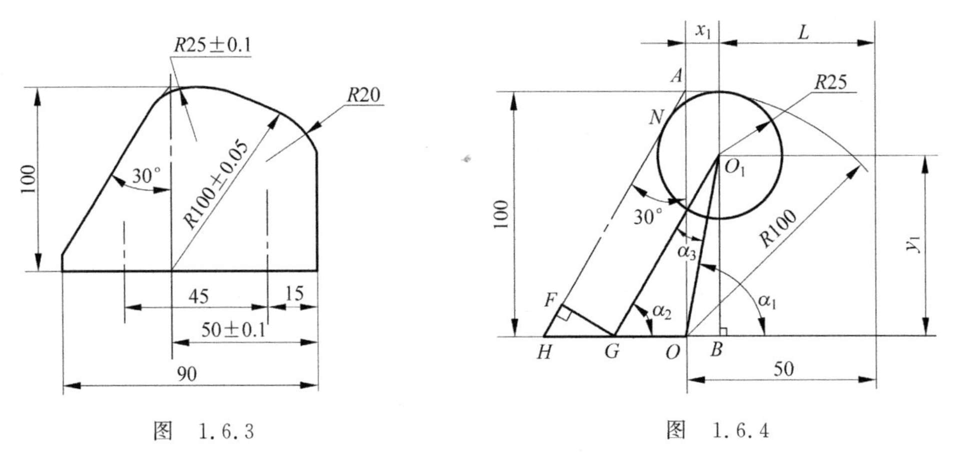

图 1.6.3　　　　图 1.6.4

从图中关系可以看出

$$OO_1 = 100 - 25 = 75\text{(两圆内切)}$$

$$GF = O_1N = 25$$

设所求的相对距离分别为 x_1、y_1 在 Rt$\triangle AHO$ 中

$$OH = AO\tan30^\circ = 100 \times \tan30^\circ \approx 57.735$$

在 Rt$\triangle GHF$ 中

$$\angle FGH = \angle HAO = 30^\circ$$

$$GH = \frac{FG}{\cos30^\circ} = \frac{25}{\cos30^\circ} \approx 28.868$$

在 Rt$\triangle OGO_1$ 中

$$\alpha_2 = \angle FHG = 60^\circ$$

$$OG = OH - GH = 57.735 - 28.868 = 28.867$$

用正弦定理得

$$\sin\alpha_3 = \frac{OG}{OO_1}\sin\alpha_2 = \frac{28.867}{75} \times \sin60^\circ \approx 0.333$$

从图 1.6.4 可看出 α_3 为锐角，所以

$$\alpha_3 \approx 19^\circ27'$$

根据三角形外角定理

$$\alpha_1 = \alpha_2 + \alpha_3 = 60^\circ + 19^\circ27' = 79^\circ27'$$

在 Rt$\triangle OO_1B$ 中

$$x_1 = OO_1\cos\alpha_1 = 75 \times \cos79^\circ27' \approx 13.73$$

$$y_1 = OO_1\sin\alpha_1 = 75 \times \sin79^\circ27' \approx 73.73$$

即 $R25$ 相对于 $R100$ 圆心的水平和垂直距离分别为 13.73 和 73.73。

【例 1.6.3】 利用三爪卡盘装夹偏心零件时，当偏心距较小($e\leqslant 5\sim 6$mm)时，需在其中任意一爪夹头上垫一定厚度的垫块，如图 1.6.5 所示。若偏心零件直径为 D，偏心距为 e，试求垫块厚度 H。

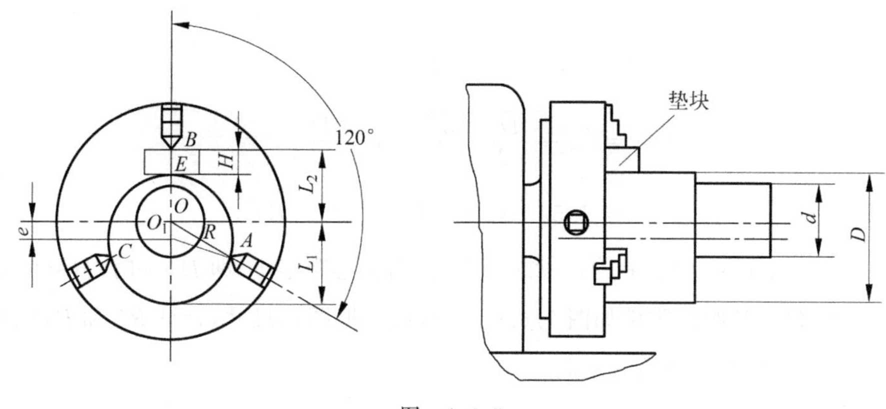

图　1.6.5

解：由于三爪卡盘的三个爪卡是径向同步运动的，每爪相隔 120°，在车削偏心零件时垫块的厚度并不等于偏心距。从图 1.6.5 可知

$$OA=OB=H+OE=H+O_1E-OO_1 \quad 且 \quad O_1E=O_1A$$

所以

$$H=OA+OO_1-O_1A$$

在$\triangle AOO_1$ 中

$$\angle AOO_1=180°-120°=60°$$

$$OO_1=e \quad O_1A=R=\frac{D}{2}$$

由余弦定理得

$$O_1A^2=OA^2+O_1O^2-2OA\cdot O_1O\cos 60°$$

即

$$R^2=OA^2+e^2-2OA\cdot e\cos 60°$$

$$=OA^2+e^2-OA\cdot e$$

所以

$$OA^2-e\cdot OA+(e^2-R^2)=0$$

则

$$OA=\frac{e\pm\sqrt{e^2-4(e^2-R^2)}}{2}$$

$$=\frac{e\pm\sqrt{4R^2-3e^2}}{2}$$

$$=\frac{e\pm\sqrt{D^2-3e^2}}{2}$$

由于 $D>e$，所以

$$OA=\frac{e+\sqrt{D^2-3e^2}}{2}$$

于是

$$\begin{aligned}H&=OA+OO_1-O_1A\\&=\frac{e+\sqrt{D^2-3e^2}}{2}+e-\frac{D}{2}\\&=1.5e+0.5(\sqrt{D^2-3e^2}-D)\end{aligned}$$

即垫块厚度 H 为 $1.5e+0.5(\sqrt{D^2-3e^2}-D)$。当偏心距很小，即 $D\gg e$ 时，$H\approx1.5e$。

【例 1.6.4】 某腔形零件如图 1.6.6 所示，试根据图示尺寸，计算 $R5$ 和 $R11$ 的圆心相对 $R85$ 的圆心的水平及垂直距离。

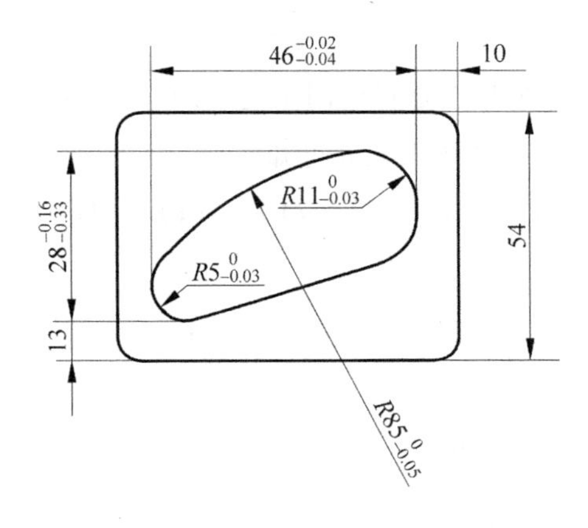

图 1.6.6

解：根据零件的几何形状及加工要求，可以作出如图 1.6.7 所示的计算关系图。其中点 O、O_1、O_2 分别是圆 $R85$、$R11$、$R5$ 的圆心，x_1、y_1 和 x_2、y_2 表示 $R11$ 和 $R5$ 圆心相对于 $R85$ 圆心的距离。因为 $R5$ 和 $R11$ 是 $R85$ 的内切圆，所以由图示尺寸可得

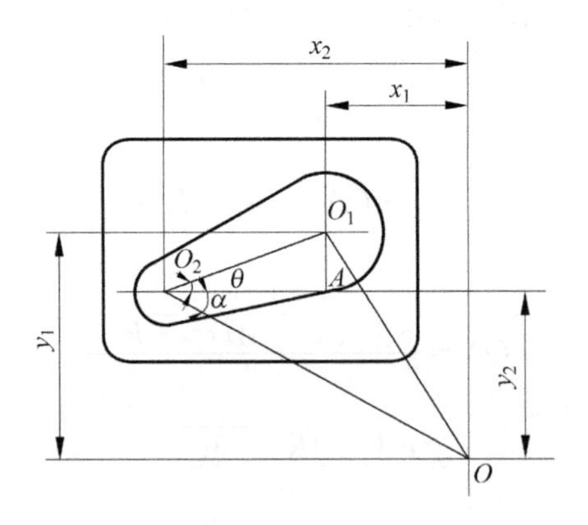

图 1.6.7

$$OO_1 = 85 - 11 = 74$$

$$OO_2 = 85 - 5 = 80$$

$$O_2A = 46 - 11 - 5 = 30$$

$$O_1A = 28 - 11 - 5 = 12$$

在 Rt$\triangle O_1O_2A$ 中

$$O_1O_2 = \sqrt{O_1A^2 + O_2A^2} = \sqrt{12^2 + 30^2} \approx 32.31$$

$$\tan\theta = \frac{O_1A}{O_2A} = \frac{12}{32} = 0.375$$

所以

$$\theta \approx 21°48'$$

在$\triangle OO_1O_2$ 中,应用余弦定理得

$$\begin{aligned}\cos(\alpha + \theta) &= \frac{O_1O_2^2 + OO_2{}^2 - OO_1^2}{2O_1O_2 \times OO_2} \\ &= \frac{32.31^2 + 80^2 - 74^2}{2 \times 32.31 \times 80} \\ &\approx 0.381\end{aligned}$$

所以

$$\alpha + \theta \approx 67°36'$$

于是

$$\begin{aligned}\alpha &= 67°36' - \theta \\ &= 67°36' - 21°48' \\ &= 45°48'\end{aligned}$$

则

$$\begin{aligned}x_2 &= OO_2\cos\alpha \\ &= 80 \times \cos 45°48' \\ &\approx 55.77\end{aligned}$$

$$\begin{aligned}y_2 &= OO_2\sin\alpha \\ &= 80 \times \sin 45°48' \\ &\approx 57.35\end{aligned}$$

因为 $x_1 = x_2 - O_2A$,$O_2A = 30$。

所以

$$\begin{aligned}x_1 &= 55.77 - 30 \\ &= 25.77\end{aligned}$$

因为

$$y_1 = y_2 + O_1A \quad O_1A = 12$$

所以

$$y_1 = 57.35 + 12$$
$$= 69.35$$

即 $R5$、$R11$ 相对于 $R85$ 的圆心的水平和垂直距离分别为 55.77,57.35 和 25.77,69.35。

综合本节例题可知：零件的投影图都是由直线段和圆弧组成的平面图形。这些图形上的角度和线段长度的计算，通常都可以转化为求解三角形的边角关系，即三角函数计算。

用三角函数解题的步骤是：

(1) 根据加工要求对零件图形进行工艺分析，确定所需计算的角度和长度；

(2) 对零件图形进行几何分析，明确几何关系；

(3) 作出一个或几个包含已知与未知的可解三角形的计算图，这是解决问题的关键。

简单图形的计算图比较容易得到，而有些较复杂的图形需作一些辅助线才能得到。作辅助线时，除了要重视特殊点(交点、切点、圆点等)外，还应注意平面几何的一些基本常识，如平移、平行、垂直、相切等。

习题 1.6

1. 如图 1.6.8 所示，要在底座上钻 3 个孔，已知其位置尺寸和角度，需要钳工画线确定孔的中心。操作时先确定 A、B 两孔圆心，计算出 AC 和 BC 长度，用圆规画出两段圆弧，交点即为 C 孔中心。

2. 在齿轮箱上有 A、B、C、D 四个孔，其位置关系如图 1.6.9 所示。现要在坐标镗床上加工各孔，试计算孔 C 的坐标尺寸 x、y。

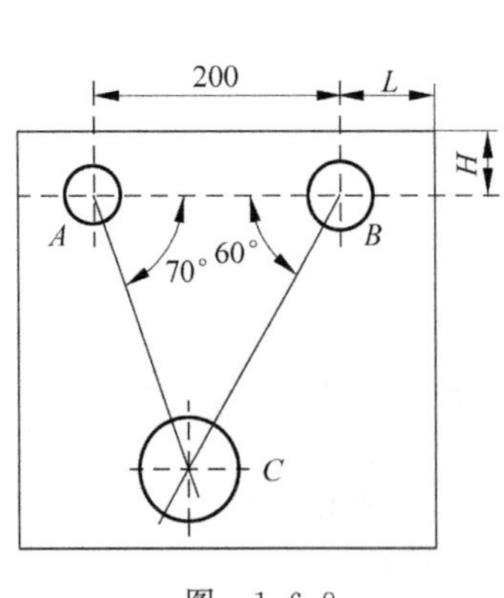

图 1.6.8

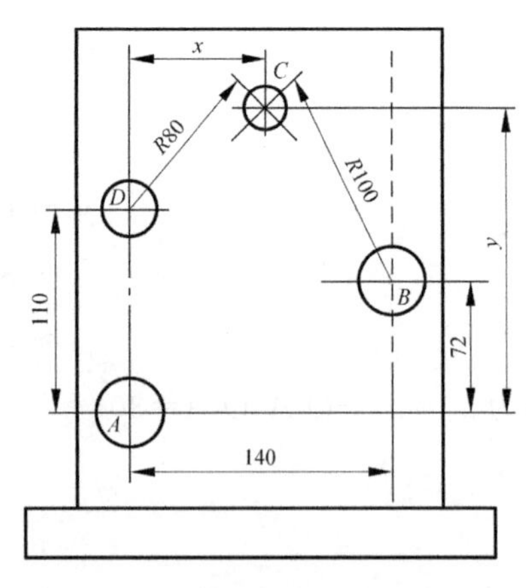

图 1.6.9

3. 车削如图 1.6.10 所示的端面圆头，试根据图示尺寸计算出锥形部分小端直径 d 和圆头宽度 t。

4. 要加工如图 1.6.11 所示零件，试根据图示尺寸求 $R35$ 的圆心相对于点 A 的距离。

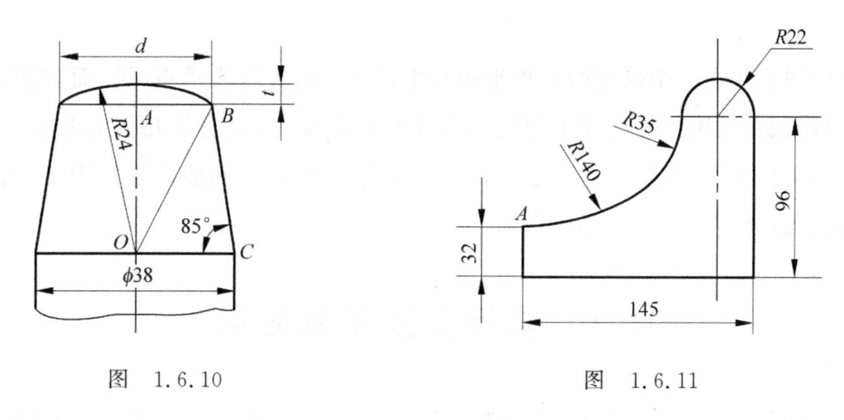

图　1.6.10　　　　图　1.6.11

5. 加工如图 1.6.12 所示的箱体孔时，先镗好 A、B 两孔，然后镗 C 孔，但必须计算出 BE 和 CE 两个尺寸，以便根据这两个尺寸来调整工件的坐标位置，然后进行加工。试根据图示数据求 BE 和 CE 的值。

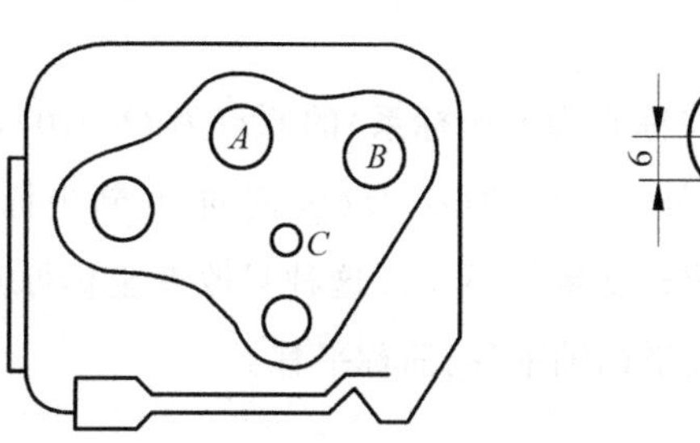

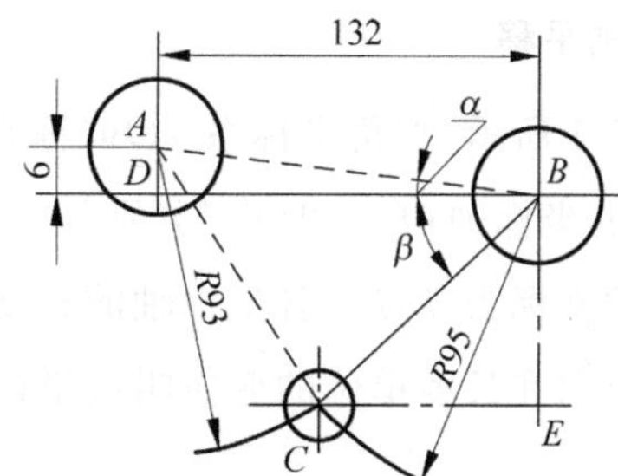

图　1.6.12

第 2 章　坐标与方程

把几何图形放在一个确定的直角坐标系中，用坐标、方程表示点、线、面，把几何问题转化为代数问题，运用代数运算来研究几何图形的性质，这是解析几何的基本方法。本章主要介绍坐标变换、曲线方程的参数表示和极坐标表示、空间曲面等知识，以及它们在机械制造和数控机床加工中的应用。

2.1　坐标变换及其应用

点的坐标和曲线方程与坐标系的选择有关，同一点在不同坐标系中有不同的坐标，同一条曲线在不同坐标系中的方程也有简有繁。把一个坐标系变换为另一个适当的坐标系，可以简化曲线的方程，便于讨论曲线的性质。下面讨论利用坐标变换来化简曲线方程的方法。

1. 坐标轴平移

如图 2.1.1 所示，直角坐标系 xOy（称它为旧坐标系）的原点为 $O(0,0)$，作新坐标系 $x'O'y'$，使新的坐标轴 $O'x'$ 和 $O'y'$ 分别与旧坐标轴 Ox 及 Oy 同向，且新坐标系原点 O' 在旧坐标系中的坐标为 (h,k)，各坐标轴的长度单位不变。这种只改变坐标原点位置，而不改变坐标轴方向和长度单位的变换叫做坐标轴平移，简称平移。

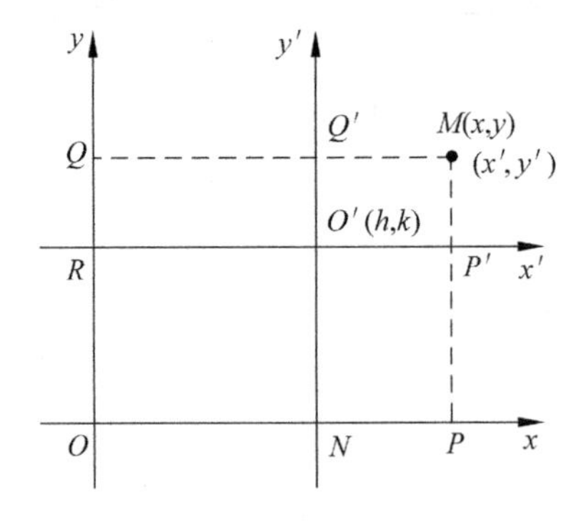

图　2.1.1

设 M 为平面内任意一点，它在旧坐标系中的坐标为 (x,y)，在新坐标系中的坐标为 (x',y')。从图 2.1.1 可以看出，点 M 的新旧坐标之间有如下关系：

$$x = OP = ON + NP = RO' + O'P' = h + x'$$

$$y = OQ = OR + RQ = NO' + O'Q' = k + y'$$

所以有

$$\begin{cases} x' = x - h \\ y' = y - k \end{cases} \tag{2.1.1}$$

式(2.1.1)叫做坐标平移公式。利用该公式可以进行点的新、旧坐标的转换，可以变换曲线方程的形式。

【例2.1.1】 如果以$O'(3,-2)$为新的坐标原点，平移坐标轴，试求点$P(-4,7)$的新坐标。

解：由已知条件，可知

$$x = -4,\quad y = 7,\quad h = 3,\quad k = -2$$

代入式(2.1.1)，得

$$x' = -4 - 3 = -7$$
$$y' = 7 - (-2) = 9$$

所以点P的新坐标为$(-7,9)$。

【例2.1.2】 通过坐标轴的平移，把原点移到$O'(2,-1)$，求曲线

$$x^2 + y^2 - 4x + 2y - 4 = 0$$

在新坐标系下的方程，说明曲线类型并作图。

解：设曲线上任意一点的新坐标为(x',y')，由坐标平移公式，得

$$x = x' + 2,\quad y = y' - 1$$

代入原方程，整理得新坐标系下的曲线方程

$$x'^2 + y'^2 = 9$$

所以这条曲线是圆心在新原点$O'(2,-1)$，半径为3的圆，如图2.1.2所示。

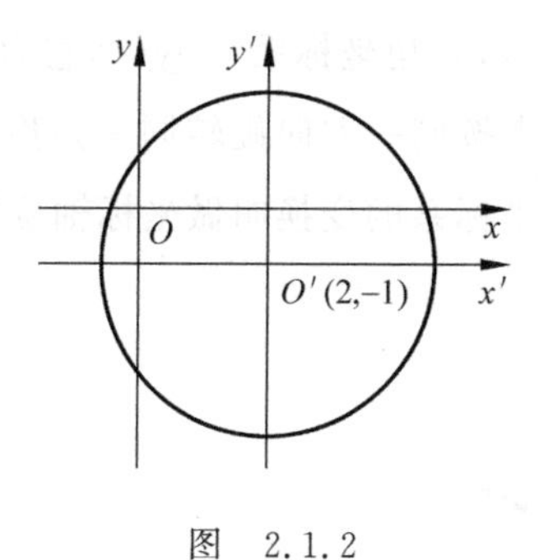

图　2.1.2

【例2.1.3】 利用坐标平移，化简二元二次方程

$$x^2 + 2y^2 + 6x - 8y - 5 = 0$$

使新方程不含x、y的一次项，并说明曲线的类型。

解：把方程分别对x,y进行配方，得

$$(x^2+6x+9)+2(y^2-4y+4)-9-8-5=0$$

即

$$(x+3)^2+2(y-2)^2=22$$

令

$$x+3=x', \quad y-2=y'$$

代入上式,得

$$x'^2+2y'^2=22$$

即

$$\frac{x'^2}{22}+\frac{y'^2}{11}=1$$

所以原二元二次方程是一个椭圆,它的中心是新坐标系的原点 $O'(-3,2)$,焦点在 x' 轴上,如图 2.1.3 所示。

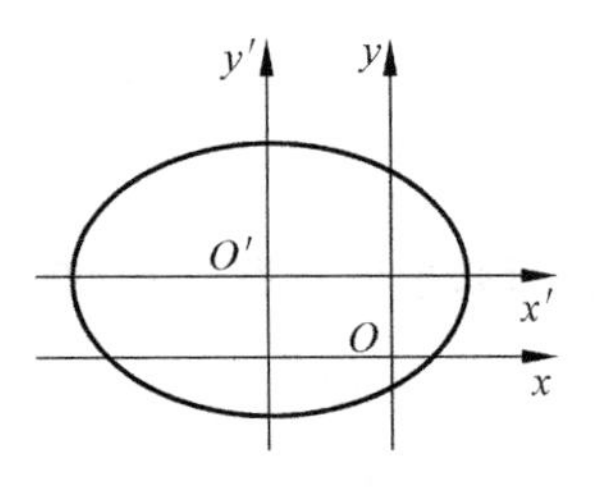

图 2.1.3

通过上面例子可以看出,利用坐标平移化简曲线方程,实质上是把原来的坐标原点移到曲线的对称中心,把坐标轴平移到对称轴,使曲线在新坐标系中的方程化为标准方程,从而清楚地看到曲线的特征。

2. 坐标轴旋转

如图 2.1.4 和图 2.1.5 所示,直角坐标系 xOy(称它为旧坐标系)的原点为 $O(0,0)$,把旧坐标系的两坐标轴绕着原点按同一方向旋转同一角度 θ,得到新坐标系 $x'Oy'$,且各坐标轴的长度单位不变。这种坐标系的变换叫做坐标轴旋转。

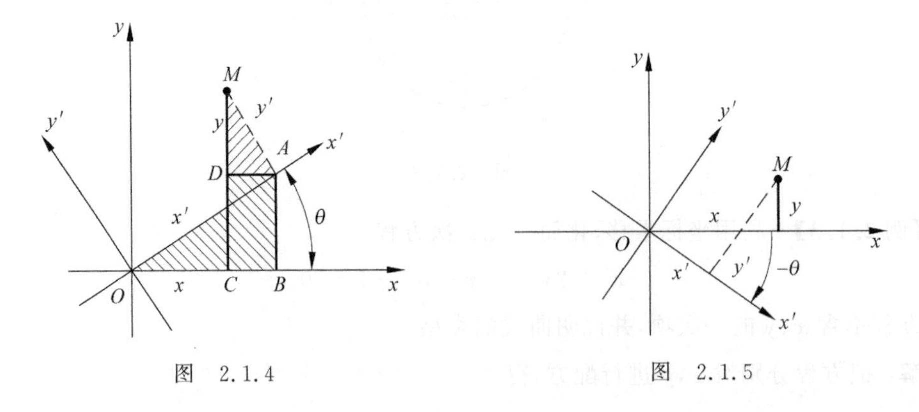

图 2.1.4　　图 2.1.5

设 M 为平面上任意一点，它在旧坐标系中的坐标为 (x,y)，在新坐标系中的坐标为 (x',y')。从图 2.1.4 可以看出，坐标系 xOy 逆时针方向旋转(简称逆转)角度 θ，得到新坐标系 $x'Oy'$，点 M 的新旧坐标之间有如下关系：

$$\begin{aligned} x &= OC \\ &= OB - CB \\ &= OB - DA \\ &= x'\cos\theta - y'\sin\theta \\ y &= CM \\ &= CD + DM \\ &= BA + DM \\ &= x'\sin\theta + y'\cos\theta \end{aligned}$$

即由 x'、y' 求 x、y 的公式是

$$\begin{cases} x = x'\cos\theta - y'\sin\theta \\ y = x'\sin\theta + y'\cos\theta \end{cases} \tag{2.1.2}$$

反过来，由 x、y 求 x'、y'，只要解上面两式所组成的方程组，就可得

$$\begin{cases} x' = x\cos\theta + y\sin\theta \\ y' = y\cos\theta - x\sin\theta \end{cases} \tag{2.1.3}$$

式(2.1.2)、式(2.1.3)是坐标系逆转时的计算公式。

若坐标系 xOy 顺时针方向旋转(简称顺转)角度 θ，得到新坐标系 $x'Oy'$，如图 2.1.5 所示。将 $-\theta$ 代入基本关系式(2.1.2)、式(2.1.3)，点 M 的新旧坐标之间有如下关系：

$$x = x'\cos(-\theta) - y'\sin(-\theta)$$
$$y = x'\sin(-\theta) + y'\cos(-\theta)$$

或

$$x' = x\cos(-\theta) + y\sin(-\theta)$$
$$y' = y\cos(-\theta) - x\sin(-\theta)$$

即坐标轴顺转时，由 x'、y' 求 x、y 的公式为

$$\begin{cases} x = x'\cos\theta + y'\sin\theta \\ y = -x'\sin\theta + y'\cos\theta \end{cases} \tag{2.1.4}$$

由 x、y 求 x'、y' 的公式为

$$\begin{cases} x' = x\cos\theta - y\sin\theta \\ y' = y\cos\theta + x\sin\theta \end{cases} \tag{2.1.5}$$

在坐标轴顺转或逆转公式中，θ 角可以是 $0°\sim180°$ 之间的任意角。

【例 2.1.4】 将坐标轴逆转$\frac{\pi}{4}$，求点 $M(-2,3)$ 在新坐标系中的坐标。

解：因为 $x=-2, y=3$，根据式(2.1.3)得

$$\begin{aligned}x' &= x\cos\theta + y\sin\theta \\ &= -2\times\cos\frac{\pi}{4} + 3\times\sin\frac{\pi}{4} \\ &= \frac{\sqrt{2}}{2}\end{aligned}$$

$$\begin{aligned}y' &= y\cos\theta - x\sin\theta \\ &= 3\times\cos\frac{\pi}{4} - (-2)\times\sin\frac{\pi}{4} \\ &= \frac{5\sqrt{2}}{2}\end{aligned}$$

所以点 M 在新坐标系中的坐标为$\left(\frac{\sqrt{2}}{2},\frac{5\sqrt{2}}{2}\right)$。

【例 2.1.5】 将坐标轴逆转 $\frac{\pi}{3}$，求曲线 $2x^2-\sqrt{3}xy+y^2=10$ 在新坐标系中的方程，并判断这条曲线的类型。

解：把 $\theta=\frac{\pi}{3}$ 代入式(2.1.2)得

$$\begin{cases}x = x'\cos\frac{\pi}{3} - y'\sin\frac{\pi}{3} \\ y = x'\sin\frac{\pi}{3} + y'\cos\frac{\pi}{3}\end{cases}$$

即

$$\begin{cases}x = \frac{1}{2}x' - \frac{\sqrt{3}}{2}y' \\ y = \frac{\sqrt{3}}{2}x' + \frac{1}{2}y'\end{cases}$$

代入原方程得，新坐标系下的方程为

$$2\left(\frac{1}{2}x'-\frac{\sqrt{3}}{2}y'\right)^2-\sqrt{3}\left(\frac{1}{2}x'-\frac{\sqrt{3}}{2}y'\right)\left(\frac{\sqrt{3}}{2}x'+\frac{1}{2}y'\right)+\left(\frac{\sqrt{3}}{2}x'+\frac{1}{2}y'\right)^2=10$$

化简得标准方程是

$$\frac{(x')^2}{20}+\frac{(y')^2}{4}=1$$

所以这条曲线是一个椭圆。

3. 坐标变换的应用

在机械加工中，零件图样所标注的尺寸、公差等都有相应的基准，即设计基准。图样上的基准从数学角度看就是坐标系。数控加工数值计算的主要任务是计算出形成零件轮廓或刀具运动轨迹的尺寸，即计算零件加工轮廓的基点和节点的坐标，或刀具中心的基点和节点的坐标，为编制加工程序做准备。

比如，在数控编程时，根据机床零点所确定的坐标称为绝对坐标；在加工过程中与机床零点无关、只相对于它的起点来计量的坐标称为相对坐标。

【例 2.1.6】 试在直角坐标系中，用绝对坐标和相对坐标表示如图 2.1.6 所示的 $P_1 \sim P_7$ 的交点坐标。

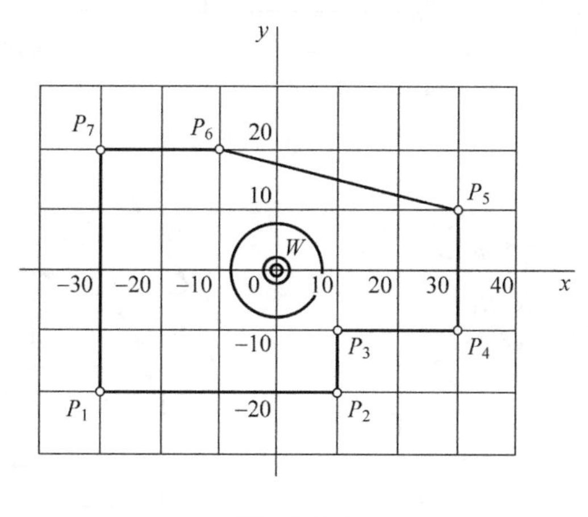

图　2.1.6

解：绝对坐标有固定不变的坐标系和坐标原点；相对坐标则有一个相对的坐标原点和坐标系(这个坐标系的方向与原来的相同，只是坐标原点发生了变化)。具体地说，就是在计算下一个节点的坐标时要把当前的节点作为坐标原点，根据这个坐标原点来确定下一个节点的坐标。于是，各交点的坐标列表如下：

交　　点	绝对坐标(x,y)	相对坐标(x,y)
P_1	(−30，−20)	(−30，−20)
P_2	(10，−20)	(40，0)
P_3	(10，−10)	(0，10)
P_4	(30，−10)	(20，0)
P_5	(30，10)	(0，20)
P_6	(−10，20)	(−40，10)
P_7	(−30，20)	(−20，0)

在直线轮廓零件的程序编制中，除了确定零件上每个基点的坐标外，还要考虑刀具相对于工件运动的轨迹（即加工路线），需要计算出加工路线中刀具中心在拐角处的坐标。

【例 2.1.7】 铣削直线轮廓的板状零件如图 2.1.7 所示。铣刀直径 32mm，试求铣刀加工路线中 $H_1 \sim H_5$ 各点的坐标值。R_F（称为等高线）为铣刀直径的一半。

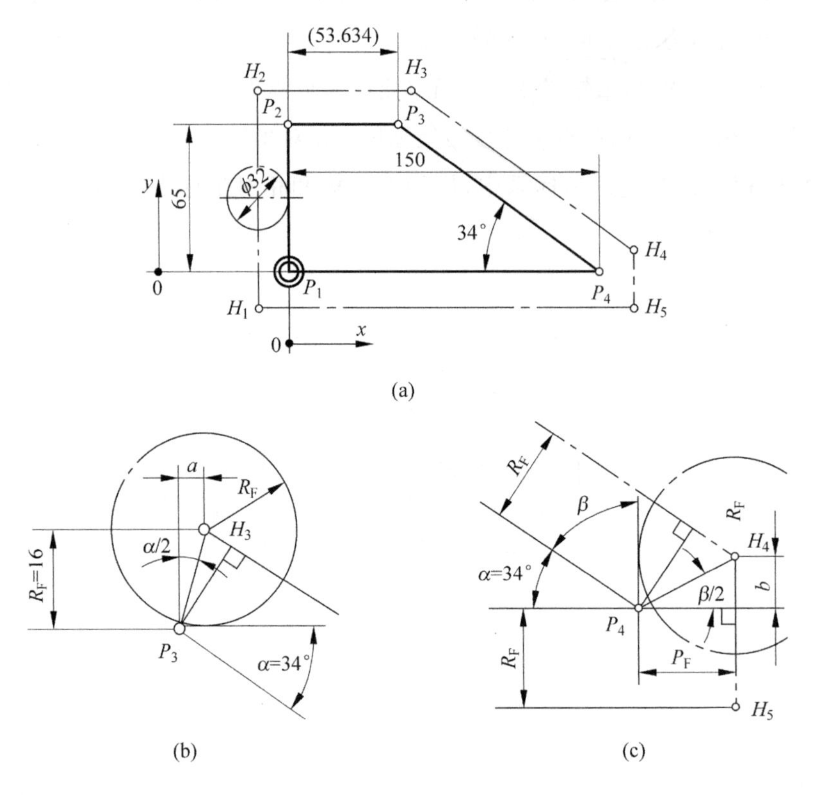

图 2.1.7

解：如图 2.1.7(a)所示，H_1 的坐标 $x=-16, y=-16$

H_2 的坐标 $x=-16, y=81$

如图 2.1.7(b)所示，计算 H_3 的坐标。根据加工方法，运用角度互余的等量关系，容易得到

$$\frac{\alpha}{2} = 17° \quad 而 \quad \tan\frac{\alpha}{2} = \frac{a}{R_F}$$

$$a = R_F \tan\frac{\alpha}{2} = 16 \times \tan 17° = 4.892\text{mm}$$

$$x = 53.634 + 4.892 = 58.526\text{mm}$$

$$y = 65 + 16 = 81\text{mm}$$

如图 2.1.7(c)所示，H_4 的坐标为

$$x = 150 + 16 = 166\text{mm}$$

$$\beta = 90^\circ - \alpha = 90^\circ - 34^\circ = 56^\circ$$

$$\tan\frac{\beta}{2} = \frac{b}{R_F}$$

$$y = b = R_F\tan\frac{\beta}{2} = 16 \times \tan 28^\circ = 8.507\text{mm}$$

H_5 的坐标：$x = 166\text{mm}, y = -16\text{mm}$

对于带圆弧轮廓的零件，在程序编制中找出零件上圆弧的起始点和终止点，并要确定圆弧的中心坐标。它的坐标对应直角坐标轴的 x、y 方向分别用符号 I、J 的值表示(如图 2.1.8 所示)。通常，圆心位置在圆弧起点的相应坐标轴的正方向时，I、J 取正值；反之取负值。比如，圆心 M 点坐标为$(-I,J)$。

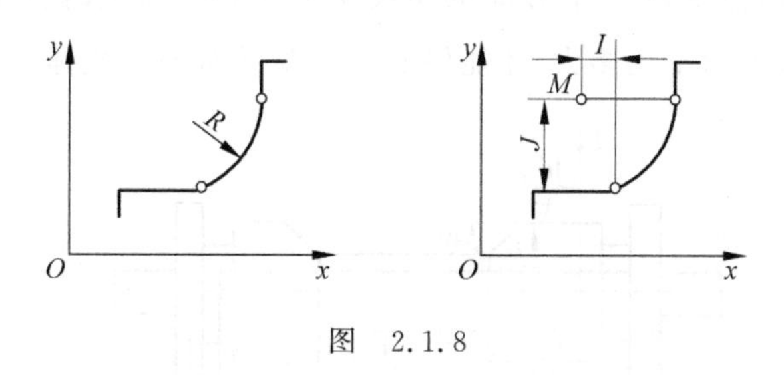

图　2.1.8

【例 2.1.8】 如图 2.1.9 所示是一个带圆弧轮廓零件的加工路线图。试列出 P_2P_3、P_5P_6 和 $P_{11}P_{12}$ 三段圆弧起始点和终点坐标及各圆弧中心。

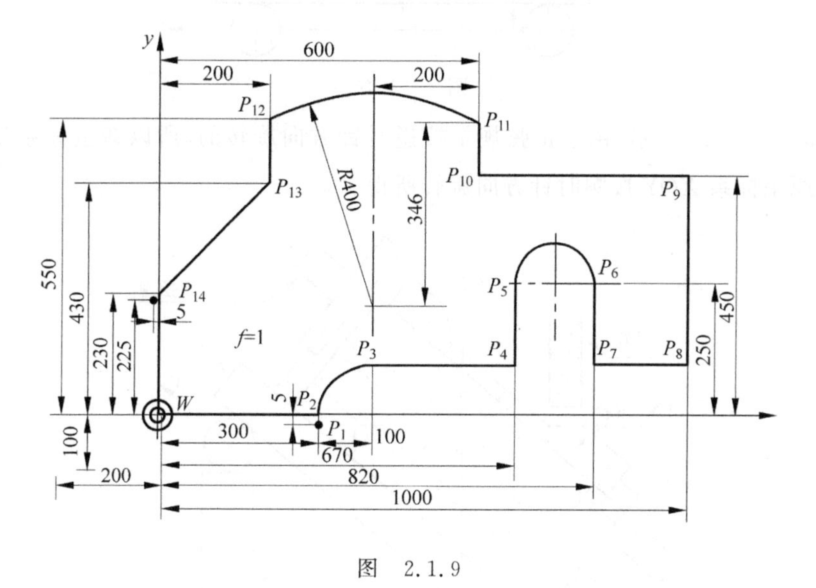

图　2.1.9

解：根据图 2.1.9 所示的数据，容易计算，P_2P_3 圆弧的半径为 100、P_5P_6 圆弧的半径为$\frac{1}{2}(820-670)=75$，所以 P_2、P_3、P_5、P_6 和 P_{11}、P_{12}各点的坐标列表如下：

基　　点	x	y	I	J
P_2	300	0		
P_3	400	100	100	0
P_5	670	250		
P_6	820	250	75	0
P_{11}	600	550		
P_{12}	200	550	−200	−346

在工艺分析计算中，点的坐标旋转公式应用很广泛。在平面上，凡尺寸关系可以看做是两点间的坐标旋转关系的，不论主视图、俯视图，还是左视图，都可以应用点的坐标旋转公式。

【例 2.1.9】 如图 2.1.10 所示，要磨削零件上的斜面 MN，在正弦规未被倾斜前，先测量出工件表面 M 点至正弦规定位心轴轴线 O 的距离 $y=116.52$mm，并先定好工件 M 点到正弦规定位心轴轴线 O 水平方向的距离 $x=46$mm；加工时将正弦规逆时针旋转 40°，试计算此时的坐尺寸y_1为多大，才能保证工件 M 点原有的坐标尺寸 x、y。

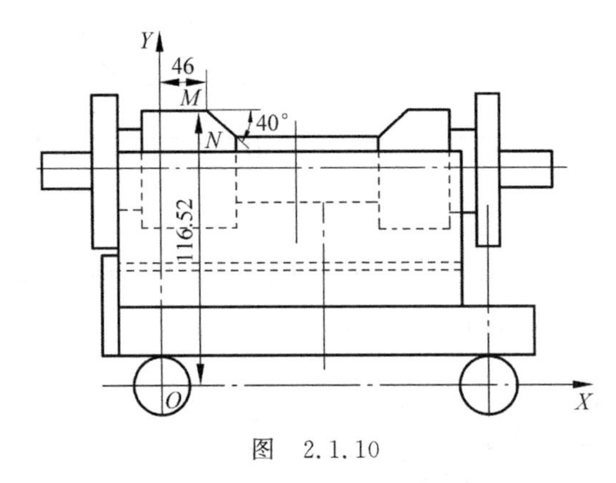

图　2.1.10

解：如图 2.1.11 所示，由于正弦规是按逆时针方向旋转的，所以新坐标系 X_1OY_1 就可看成是原坐标系 XOY 按顺时针方向旋转所得。

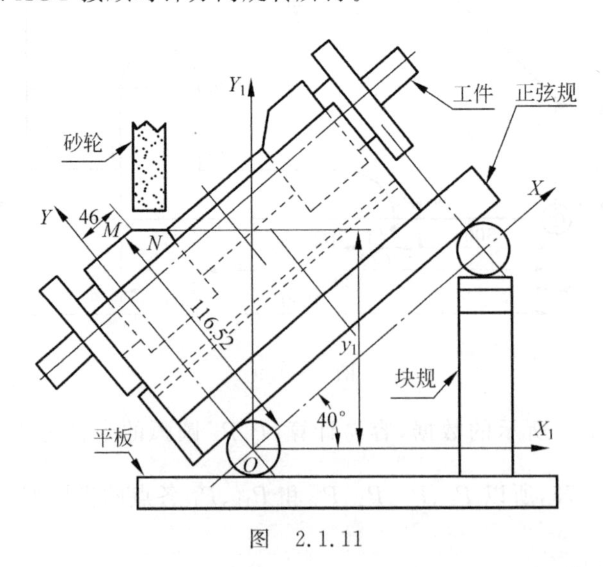

图　2.1.11

已知 $x=46$，$y=116.52$，$\theta=40°$，由顺时针旋转的坐标变换公式，得

$$\begin{aligned} y_1 &= y\cos\theta + x\sin\theta \\ &= 116.52\times\cos40° + 46\times\sin40° \\ &\approx 118.83 \end{aligned}$$

即磨削斜面 MN 时，只要测量 MN 平面至正弦规定位心轴轴线的距离为 118.83mm 就能保证工件 M 点原有的坐标尺寸（未考虑制造公差）。

【例 2.1.10】 现要铣削如图 2.1.12 所示工件的斜面，斜面 M 与定位基准面夹角为 θ，工件定位简图如图 2.1.13 所示。由于工件上的加工表面的定位尺寸 L 标注在交点上，因此夹具的对刀尺寸不能直接标注这个尺寸，需要通过一个辅助测量基准——工艺孔才能标注其位置尺寸。假设此工艺孔是设计在距两定位基面尺寸为 $m\pm0.02$ 和 $n\pm0.02$ 的位置上，并选定对刀塞尺的厚度为 0.5mm，试计算图示尺寸 y_3 以确定对刀块高度的尺寸。

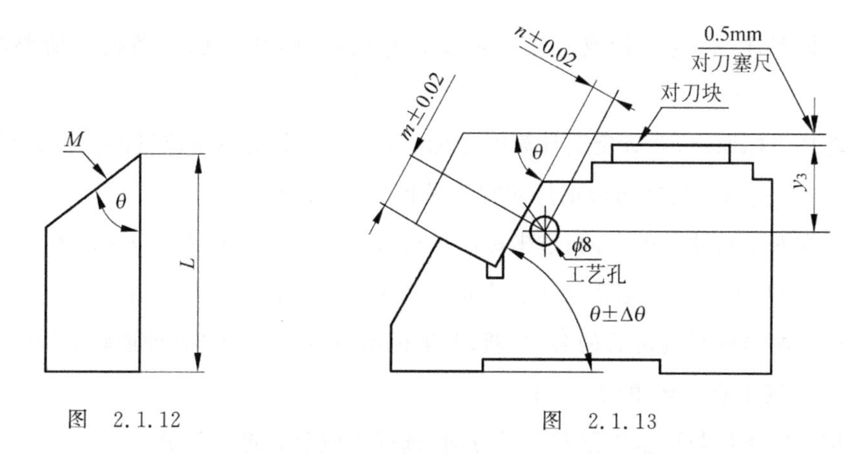

图　2.1.12　　　　图　2.1.13

解：设夹具上的相互垂直的两个定位工作面为原坐标系 XOY，如图 2.1.14 所示。当原坐标系顺时针转动角 θ 以后，便形成了新坐标系 X_1OY_1。这时需要进行 A、B 两点坐标转换的计算。

对于工件斜面的交点 A，已知 $x_A=L$，$y_A=0$，由顺时针转动角 θ 的变换公式，得

$$\begin{aligned} x_1 &= x_A\cos\theta - y_A\sin\theta \\ &= L\cos\theta \\ y_1 &= y_A\cos\theta + x_A\sin\theta \\ &= L\sin\theta \end{aligned}$$

对于工艺孔的孔心 B，已知 $x_B=m$，$y_B=-n$，同理可得

$$x_2 = x_B\cos\theta - y_B\sin\theta$$

$$= m\cos\theta + n\sin\theta$$

$$y_2 = y_B\cos\theta + x_B\sin\theta$$

$$= - n\cos\theta + m\sin\theta$$

因为工件加工的是一平面，所以沿走刀方向的尺寸x_1不必标出，而只需标出尺寸y_1即可。由于对刀块工作表面的尺寸是以工艺孔为基准标注的，故需求出尺寸y_3，如图2.1.14所示：

$$y_3 = y_1 - y_2 - 0.5$$

$$= L\sin\theta - (m\sin\theta - n\cos\theta) - 0.5$$

将具体数值代入上式即可算出y_3之值。

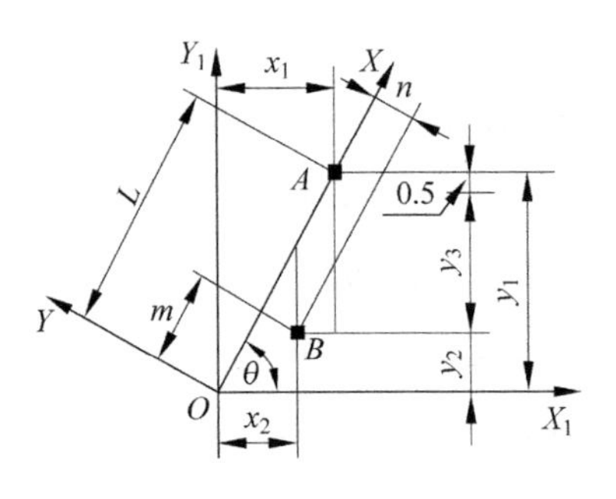

图 2.1.14

通过上例分析，我们看到，运用坐标旋转的方法来计算点的坐标，其一般步骤如下：

(1) 分析图样，确定设计或工艺上需要计算的尺寸，明确已知条件和所要解决的问题；

(2) 选择坐标原点，并确定要计算的坐标点，这是确定坐标系位置的关键，为使计算方便，坐标原点应取在已知与待求尺寸有关联和便于测量的点上；

(3) 根据两组尺寸线的方向，过坐标原点构成两个直角坐标系 xOy、$x'Oy'$，新、旧坐标系的名称可以任意选定，通常选工件在旋转后的状态来进行分析和计算；

(4) 根据两坐标系选定后的名称(新、旧坐标系)确定转角方向(即逆转或顺转)，并按图样给定的角度来确定转角的大小；

(5) 按已知条件与待求参数和旋转方向，选择相应公式进行计算。

习题 2.1

1. 通过坐标轴平移将下列方程化简，并画出示意图。

(1) $9x^2+16y^2+36x-96y+36=0$　　(2) $y^2-4x-4y+4(1-\sqrt{2})=0$

2. 通过平移坐标轴化简方程

$$9x^2 - 25y^2 - 18x - 150y - 441 = 0$$

并画出新坐标系和方程的曲线。

3. 将坐标轴顺转$\frac{\pi}{2}$，求椭圆$\frac{x^2}{2}+y^2=1$ 在新坐标系中的方程。

4. 如图 2.1.15 所示零件，其轮廓均为直线组成。试求图中 $P_1 \sim P_{11}$ 的绝对坐标和相对坐标。

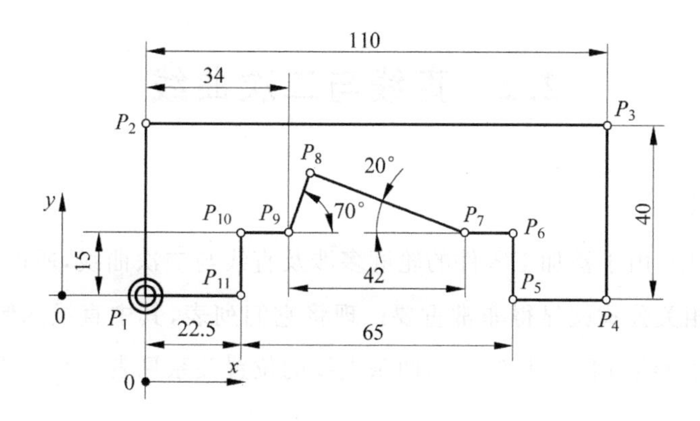

图 2.1.15

5. 如图 2.1.16 所示的零件，要磨削零件上的斜面 MN，在正弦规没有被抬起之前，先测得工件表面 M 点至正弦规定位轴心的垂直距离 $y=116.52\text{mm}$，并先预定好工件上 M 点至轴心 O 的水平方向的距离 $x=46\text{mm}$，加工时将正弦规逆转 40°，试计算此时的坐标尺寸 b 为多大，才能保证工件 M 点原有坐标尺寸 x、y。

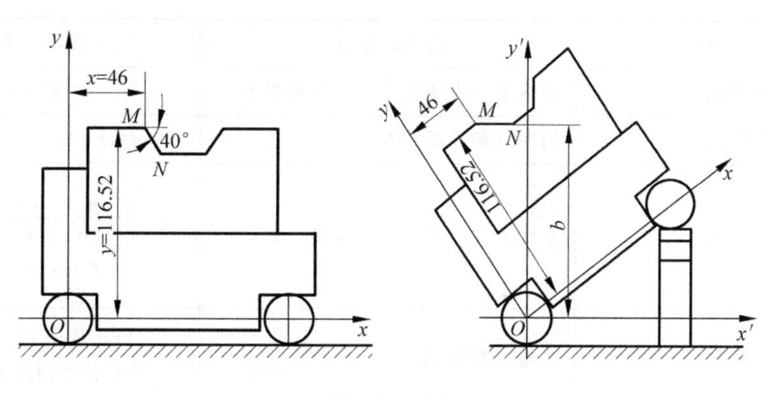

图 2.1.16

6. 如图 2.1.17 所示，钻头和工件 $BCDEF$ 的边 EF 以及座盘上 A 点原在同一条直线上，要在工件上钻一垂直于 BC 的孔，使孔的中心线和 EF 成 60°角，并且使中心线恰好通过 P 点。加工时要把整个工件连同座盘一起绕 A 点按顺时针方向旋转 60°，然后钻孔。试问钻头应该向左或右移动多少距离？

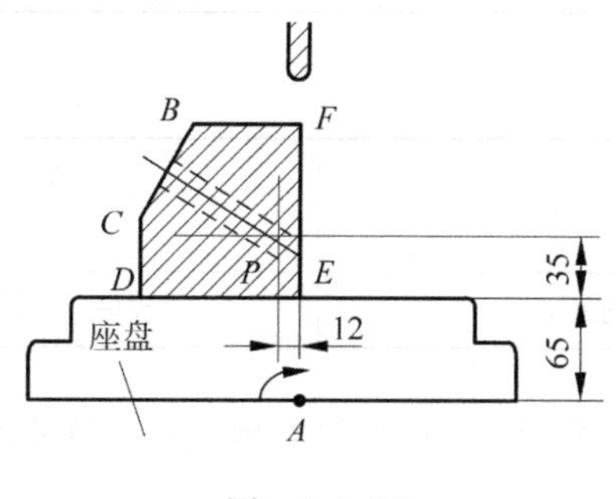

图 2.1.17

2.2 直线与二次曲线

1. 相关知识

在机械制造中，由于被加工零件的轮廓多涉及直线与二次曲线，所以直线、二次曲线的方程、性质和相关公式就显得非常重要。现将它们列表，其中直线的倾斜角和斜率见表 2.2.1，常用的直线方程见表 2.2.2，两条直线的位置关系见表 2.2.3，两个常用公式见表 2.2.4。

表 2.2.1

倾斜角	直线向上的方向和 x 轴正方向所成的最小正角，记作 α
斜率	直线倾斜角的正切值，记做 k，即 $k=\tan\alpha(\alpha\neq 90°)$

表 2.2.2

名　称	已知条件	方　程
点斜式	直线上一点 $P_0(x_0,y_0)$ 和斜率 k	$y-y_0=k(x-x_0)$
斜截式	斜率 k 和纵截距 b	$y=kx+b$
两点式	直线上两点 $P_1(x_1,y_1)$，$P_2(x_2,y_2)$	$\frac{y-y_1}{y_2-y_1}=\frac{x-x_1}{x_2-x_1}$ $(x_2\neq x_1, y_2\neq y_1)$
一般式	其他方程形式	$Ax+By+C=0$ （A、B 不同时为零）

表 2.2.3

关　系	结　论
平行且不重合	$l_1 /\!/ l_2 \Leftrightarrow k_1=k_2(b_1\neq b_2)$
垂直	$l_1\perp l_2 \Leftrightarrow k_1=-\frac{1}{k_2}$（$k_1$、$k_2$ 都存在）

表 2.2.4

点 $P_0(x_0,y_0)$ 到直线 l: $Ax+By+C=0$ 的距离	$d=\frac{\lvert Ax_0+By_0+C\rvert}{\sqrt{A^2+B^2}}$
点 $P_1(x_1,y_1)$，$P_2(x_2,y_2)$ 之间的距离	$d=\sqrt{(x_2-x_1)^2+(y_2-y_1)^2}$

机械加工中经常用到圆、椭圆、双曲线和抛物线等二次曲线。下面将它们的定义、标准方程、图形、性质列表，见表 2.2.5。

表　2.2.5

名称	圆	椭圆	双曲线	抛物线
定义	平面内与一定点的距离为定长的动点轨迹	平面内与两定点的距离之和为定长的动点轨迹	平面内与两定点的距离之差的绝对值为定长的动点轨迹	平面内到一定点和到定直线距离相等的动点轨迹
标准方程	$(x-a)^2+(y-b)^2=r^2$	$\frac{x^2}{a^2}+\frac{y^2}{b^2}=1(a>b>0)$ （焦点在 x 轴）	$\frac{x^2}{a^2}-\frac{y^2}{b^2}=1(a>0,b>0)$ （焦点在 x 轴）	$y^2=2px(p>0)$ （焦点在 x 轴正半轴）
图形	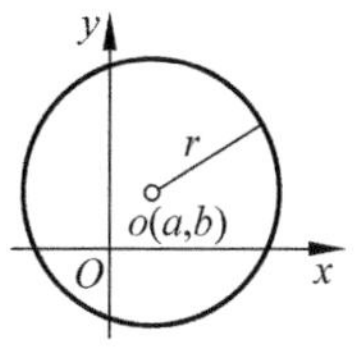	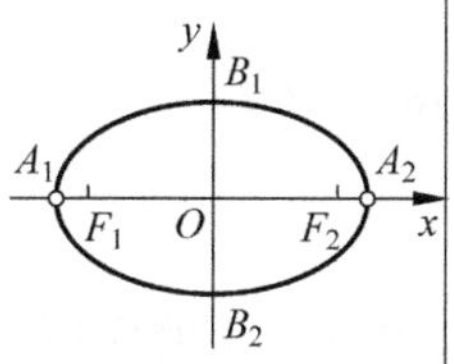	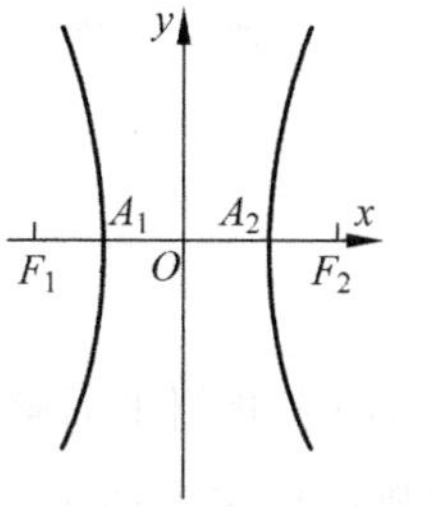	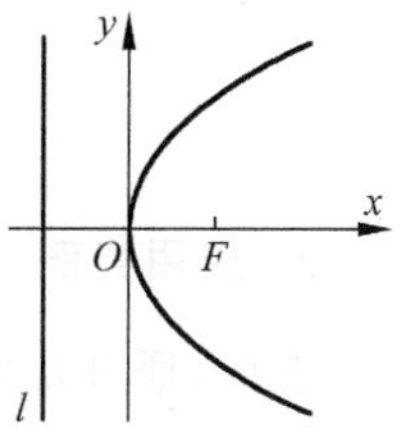
顶点		$A(\pm a,0)B(0,\pm b)$	$A(\pm a,0)$	$O(0,0)$
焦点		$F(\pm c,0)b^2=a^2-c^2$	$F(\pm c,0)b^2=c^2-a^2$	$F\left(\frac{p}{2},0\right)$
准线		$x=\pm\frac{a^2}{c}$	$x=\pm\frac{a^2}{c}$	$x=-\frac{p}{2}$

在数控机床上加工椭圆，可将椭圆标准方程进行适当的转换，将椭圆方程的计算原点偏移到(x_0,y_0)位置，采用直线逼近（也称拟合）法，即在 z 方向上分段，并把 z 作为自变量，x 作为 z 的函数，计算出椭圆轨迹坐标，如图 2.2.1 所示。

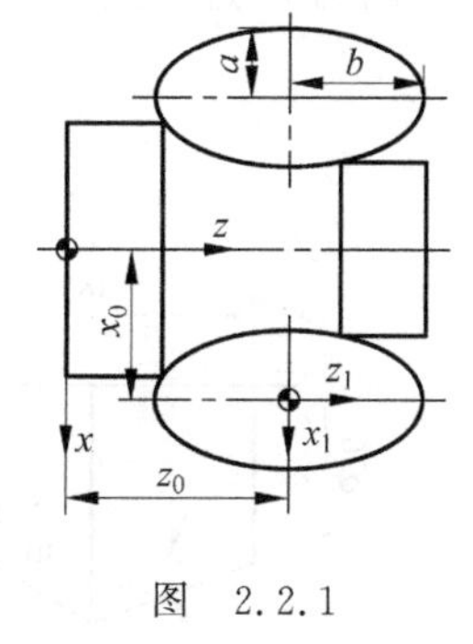

图　2.2.1

椭圆标准方程在第一、二象限内转换为

$$x_1=a\sqrt{1-\frac{z_1^2}{b^2}}$$

椭圆标准方程在第三、四象限内转换为

$$x_1=-a\sqrt{1-\frac{z_1^2}{b^2}}$$

在数控机床上加工双曲线时，一般可以把工件坐标系原点偏置到双曲线的对称中心上，然后采用直线逼近（也称拟合）法，即在 Z 向分段，并把 z 作为自变量，x 作为 z 的函数，计算出双曲线轨迹坐标，如图 2.2.2 所示。

双曲线标准方程在第一、二象限内转换为

$$x_1=a\sqrt{1+\frac{z_1^2}{b^2}}$$

双曲线标准方程在第三、四象限内转换为

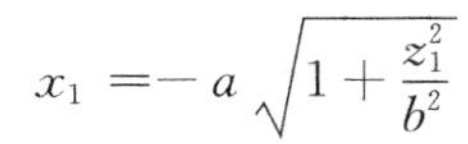

$$x_1 = -a\sqrt{1+\frac{z_1^2}{b^2}}$$

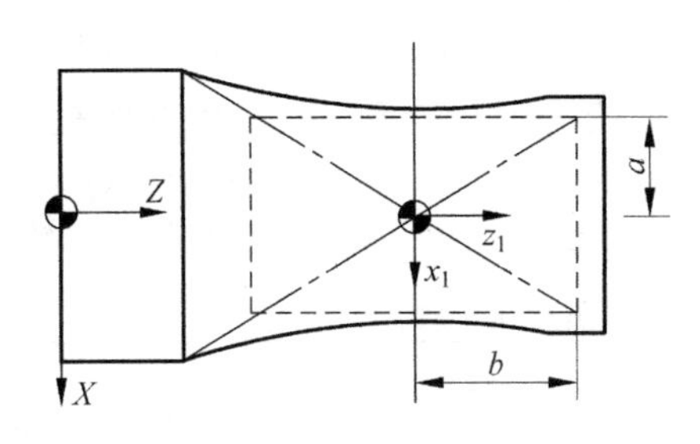

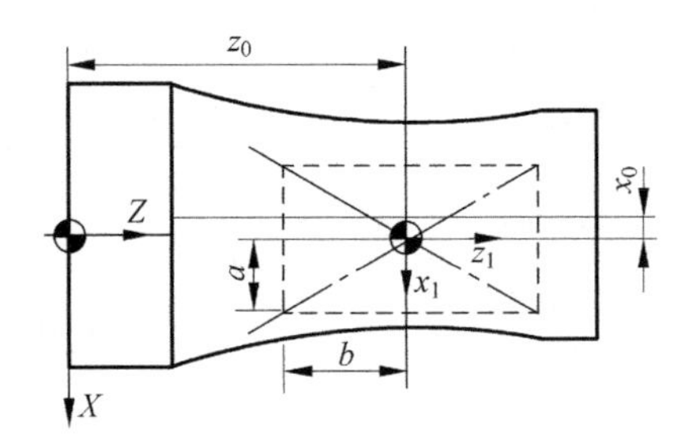

图 2.2.2

2. 应用实例

在此,通过几个实例来介绍平面解析几何知识的应用。

【例 2.2.1】 在数控机床上加工一零件,已知编程用轮廓尺寸如图 2.2.3 所示,试求基点 B 的坐标。

解:按图 2.2.4 所示建立直角坐标系,所以

$$k_{l_1} = \tan(180° - 20°) = \tan 160° = -0.364$$

因为 l_1 过原点 $O(0,0)$,由直线的点斜式方程得 l_1 方程为

$$y = -0.364x$$

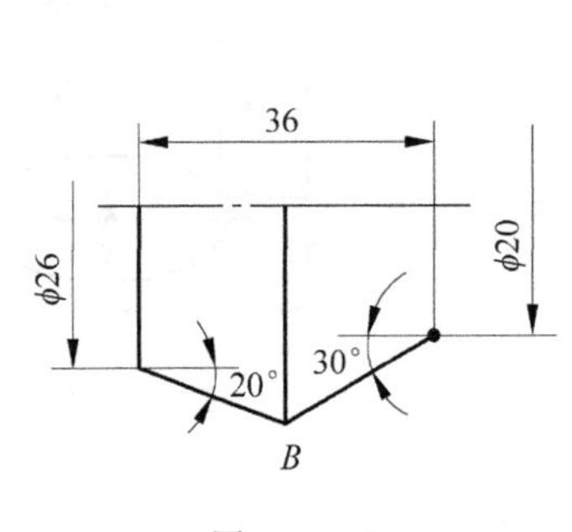

图 2.2.3

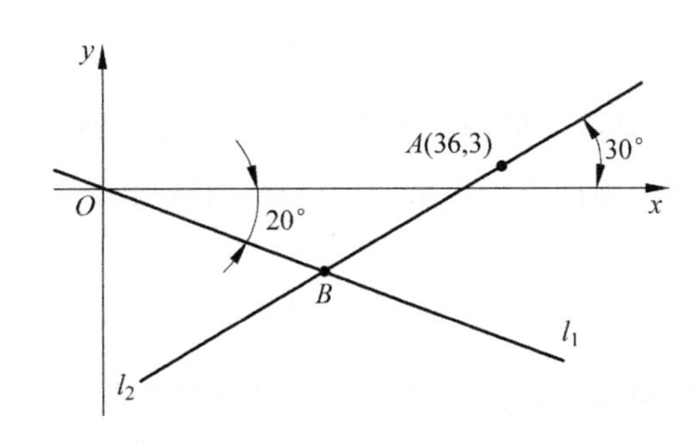

图 2.2.4

同理得,l_2 方程为

$$y - 3 = 0.577(x - 36)$$

解方程组

$$\begin{cases} y = -0.364x \\ y - 3 = 0.577(x - 36) \end{cases}$$

得

$$\begin{cases} x = 18.89 \\ y = -6.88 \end{cases}$$

即基点 B 的坐标为(18.89,−6.88)。

【例 2.2.2】 某零件如图 2.2.5 所示,$\overset{\frown}{AB}$、$\overset{\frown}{CD}$、$\overset{\frown}{EF}$是圆弧,BC、DE 是直线。加工时要确定 $R8$ 圆弧的圆心位置,试求之。

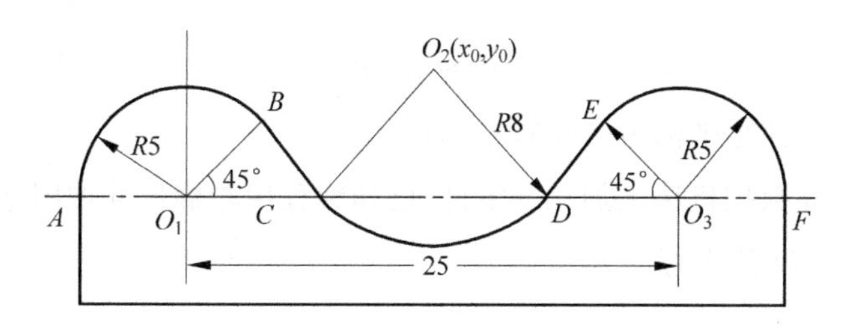

图　2.2.5

解:以图示尺寸为基准,选取 $R5$ 圆弧的圆心为坐标系原点,建立坐标系如图 2.2.6 所示。

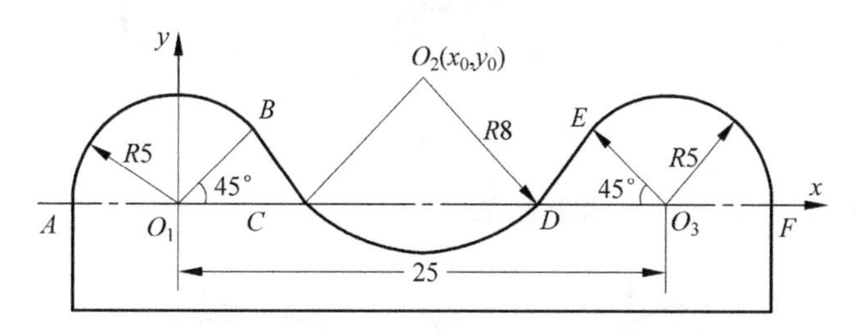

图　2.2.6

因为工件具有对称性,O_2 一定在线段 O_1O_3 的垂直平分线上,可得 O_2 的横坐标

$$x_0 = \frac{25}{2} = 12.5$$

从图示尺寸可以确定 B 点的坐标

$$x_B = 5\cos 45° = \frac{5\sqrt{2}}{2}$$

$$y_B = 5\sin 45° = \frac{5\sqrt{2}}{2}$$

直线 BC 的斜率为

$$k_{BC} = \tan 135° = -1$$

由点斜式得,直线 BC 的方程为

$$y - \frac{5\sqrt{2}}{2} = -1\left(x - \frac{5\sqrt{2}}{2}\right)$$

即

$$x + y - 5\sqrt{2} = 0$$

由于点 O_2 到直线 BC 的距离 $O_2C=8$，所以由点到直线的距离公式得

$$8 = \frac{|12.5 + y_0 - 5\sqrt{2}|}{\sqrt{1^2 + 1^2}} \quad (y_0 > 0)$$

所以

$$y_0 \approx 5.88$$

即 $R8$ 圆弧所在圆的圆心坐标为(12.5,5.88)。

【例 2.2.3】 在数控机床上加工一零件，已知编程用轮廓尺寸如图 2.2.7 所示，试求其基点 B，C 及圆心 D 的坐标。

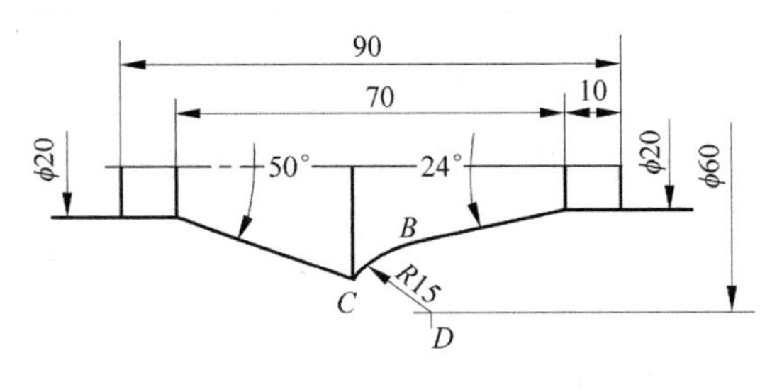

图 2.2.7

解：建立如图 2.2.8 所示直角坐标系。

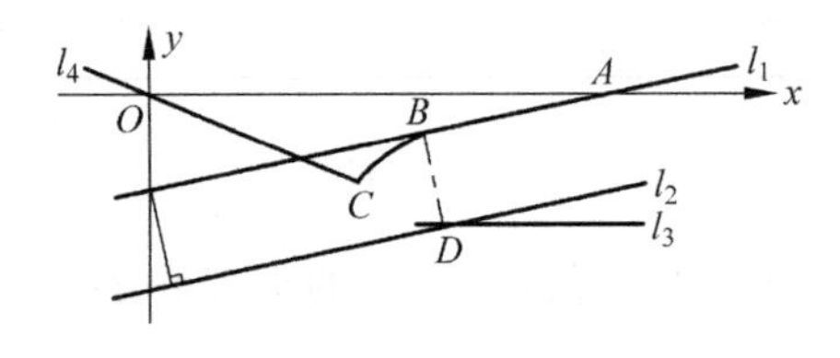

图 2.2.8

(1) 先求圆心 D 的坐标

直线 l_1 的倾角为

$$\alpha_{l_1} = \frac{24^\circ}{2} = 12^\circ$$

则

$$k_{l_1} = \tan 12^\circ = 0.213$$

又由于 $OA=70$，所以直线 l_1 在 y 轴上的截距为

$$b_{l_1} = -70\tan 12^\circ = -14.879$$

所以直线 l_1 的斜截式方程为

$$y = 0.213x - 14.879$$

因为直线 l_4 过 $O(0,0)$，而且

$$\alpha_{l_4} = 180° - \frac{50°}{2} = 155°$$

$$\tan\alpha_{l_4} = \tan 155° = -0.466$$

所以，直线 l_4 的方程为

$$y = -0.466x$$

直线 l_2 在 y 轴上的截距

$$b_{l_2} = -\left(\frac{15}{\cos 12°} + 14.879\right) = -30.214$$

而 $k_{l_1} = k_{l_2}$ ($l_2 /\!/ l_1$)

所以直线 l_2 的斜截式方程为

$$y = 0.213x - 30.214$$

因为直线 l_3 的方程是

$$y = -20$$

所以解方程组

$$\begin{cases} y = 0.213x - 30.214 \\ y = -20 \end{cases}$$

得

$$\begin{cases} x = 47.95 \\ y = -20 \end{cases}$$

即圆心 D 的坐标是(47.95，−20)。

(2) 再求基点 B，C 的坐标

以 D 为圆心的圆的方程为

$$(x - 47.95)^2 + (y + 20)^2 = 15^2$$

解方程组

$$\begin{cases} y = -0.466x \\ (x - 47.95)^2 + (y + 20)^2 = 15^2 \end{cases}$$

得

$$\begin{cases} x = 33.59 \\ y = -15.66 \end{cases} \quad 或 \quad \begin{cases} x = 60.51 \\ y = -28.20 \end{cases} (舍)$$

即点 C 的坐标为(33.59，−15.66)。

又因为直线 BD 的方程为

$$y+20=-\frac{1}{0.213}(x-47.95) \quad (BD \perp l_1)$$

整理得

$$y=-4.695x+205.125$$

解方程组

$$\begin{cases} y=0.213x-14.879 \\ y=-4.695x+205.125 \end{cases}$$

得

$$\begin{cases} x=44.83 \\ y=-5.33 \end{cases}$$

即点 B 的坐标为(44.83,-5.33)。

【例 2.2.4】 某零件如图 2.2.9 所示,现要加工型面,试求 $R30\pm0.05$ 的圆心位置。

解:建立坐标系如图 2.2.10 所示。此零件的曲线部分是由三段圆弧组成,它们的关系是 $R30$ 与 $R10$ 内切,$R30$ 与 $R5$ 内切,其中的连接点是圆弧的切点。

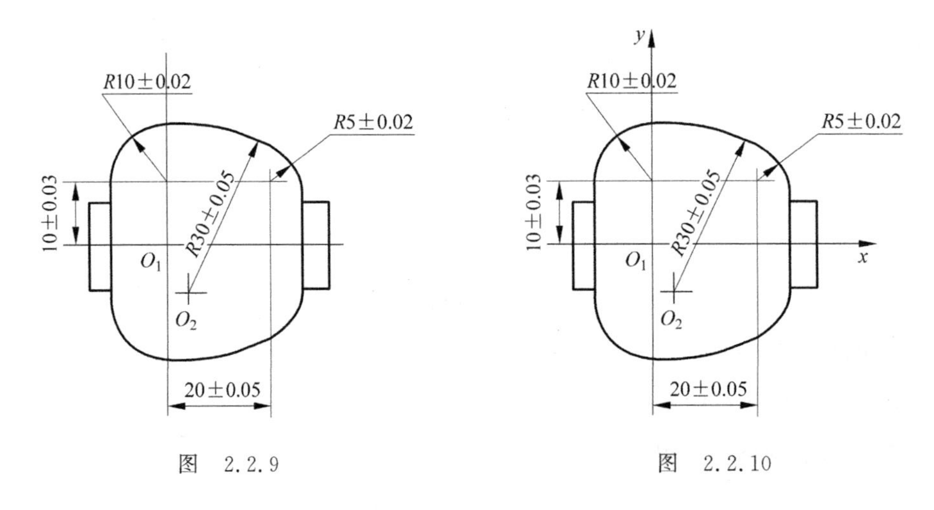

图 2.2.9 图 2.2.10

因为 $R10$ 的圆心坐标为(0,10),则以 $R10$ 的圆心为圆心、$R(30-10)$为半径的圆方程为

$$x^2+(y-10)^2=(30-10)^2$$

同理以 $R5$ 的圆心为圆心,$R(30-5)$为半径的圆方程为

$$(x-20)^2+(y-10)^2=(30-5)^2$$

解方程组

$$\begin{cases} x^2+(y-10)^2=20^2 \\ (x-20)^2+(y-10)^2=25^2 \end{cases}$$

得

$$\begin{cases} x = 4.375 \\ y = -9.516 \end{cases}$$

所以 $R30$ 的圆心坐标为(4.375,−9.516)。

【例 2.2.5】 如图 2.2.11 所示零件,$\widehat{ABC}$为椭圆弧,其中 AC 过椭圆弧所在椭圆 $\frac{x^2}{3600}+\frac{y^2}{1600}=1$ 的焦点,试计算加工时的锥度 C。

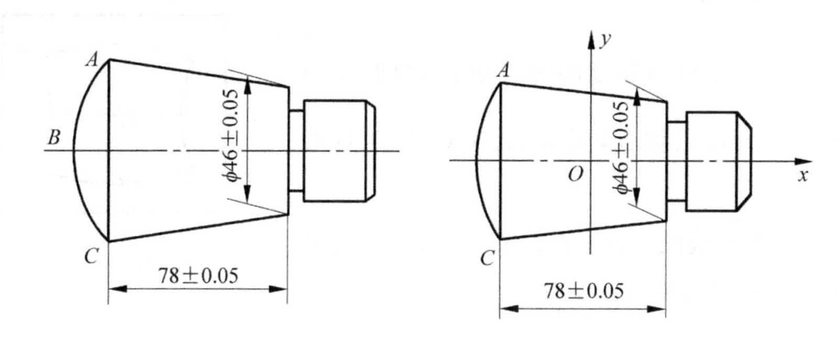

图 2.2.11

解:因为椭圆方程为

$$\frac{x^2}{3600}+\frac{y^2}{1600}=1$$

所以

$$a^2 = 3600$$

$$b^2 = 1600$$

于是

$$c = \sqrt{a^2-b^2} = \sqrt{3600-1600} \approx 44.721$$

因为 AC 过椭圆弧所在椭圆$\frac{x^2}{3600}+\frac{y^2}{1600}=1$ 的焦点,所以

$$x_A = -c = -44.721$$

代入椭圆方程得

$$\frac{(-44.721)^2}{3600}+\frac{y^2}{1600}=1$$

解得

$$y_A \approx 26.667 \quad 或 \quad y_A \approx -26.667(舍)$$

所以

$$D = 2y_A = 53.334$$

因为

$$d = 46 \quad L = 78$$

所以

$$C=\frac{D-d}{L}=\frac{53.334-46}{78}\approx 0.094$$

即锥体零件的锥度约为 0.094。

【例 2.2.6】 某工件如图 2.2.12 所示，其中$\overset{\frown}{AB}$、$\overset{\frown}{CD}$均为椭圆弧，在加工时需确定 A、B、C、D 四点的坐标。现已知椭圆弧的方程为$\frac{x^2}{80}+\frac{y^2}{50}=1$，而双曲线的顶点和椭圆的焦点重合，双曲线的焦点和椭圆长轴的端点重合，试求 A、B、C、D 四点的坐标。

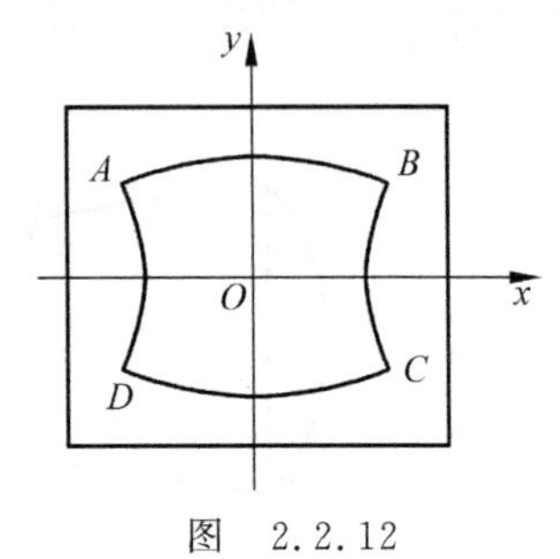

图 2.2.12

解：根据工件形成的方法，A、B、C、D 四个点是椭圆与双曲线的交点。椭圆的方程为

$$\frac{x^2}{80}+\frac{y^2}{50}=1$$

所以

$$a=\sqrt{80}\quad b=\sqrt{50}$$

则

$$c=\sqrt{a^2-b^2}=\sqrt{30}$$

因为双曲线的焦点和椭圆长轴的端点重合，双曲线的顶点和椭圆的焦点重合，所以

$$c_{双}=a=\sqrt{80}\quad a_{双}=c=\sqrt{30}$$

则

$$b_{双}=\sqrt{c_{双}^2-a_{双}^2}=\sqrt{80-30}=\sqrt{50}$$

所以，双曲线方程为

$$\frac{x^2}{30}-\frac{y^2}{50}=1$$

解方程组

$$\begin{cases}\dfrac{x^2}{80}+\dfrac{y^2}{50}=1\\[2ex]\dfrac{x^2}{30}-\dfrac{y^2}{50}=1\end{cases}$$

得

$$\begin{cases} x = \pm 6.606 \\ y = \pm 4.767 \end{cases}$$

根据图形可得四点的坐标分别是：

$A(-6.606,4.767)$，$B(6.606,4.767)$，$C(6.606,-4.767)$，$D(-6.606,-4.767)$

【例2.2.7】 某烘箱的热能反射罩如图2.2.13所示，它为一抛物柱面，电热丝放置在抛物柱面焦点上，可使热能向一个方向均匀辐射，试根据图示尺寸求电热丝到抛物柱面顶点的距离。

解：根据实物作计算图如图2.2.14所示。设抛物柱面截面的抛物线方程是

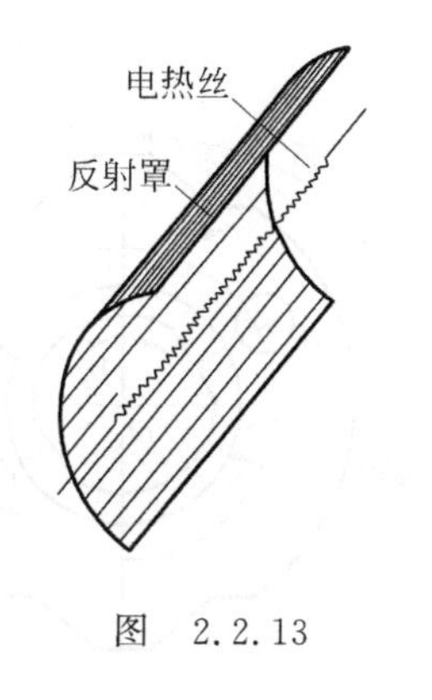

图　2.2.13

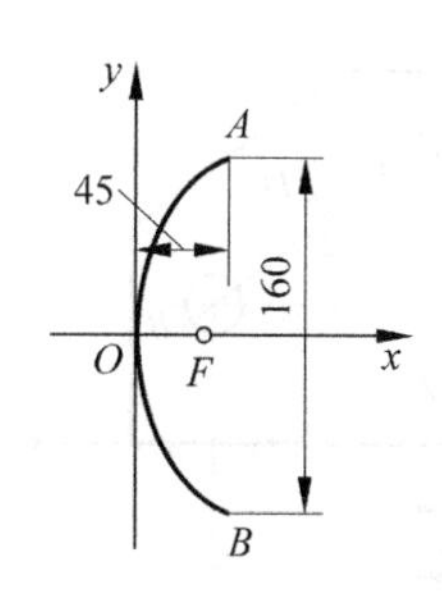

图　2.2.14

$$y^2 = 2px$$

将点

$$A(45,80)$$

代入抛物线方程得

$$80^2 = 2p \times 45$$

于是

$$p \approx 71.11,\quad \frac{p}{2} = 35.56$$

所以焦点F的坐标为(35.56,0)。

因此，电热丝到抛物柱面顶点的距离为35.56。

综合上述例题可知，在机械专业的生产实践中，当有关测量、检验尺寸及点(圆心、切点、交点)的坐标没有在零件图中标注，而实际加工又必须要知道时，就可以用解析几何方法进行计算。其基本方法是：

(1) 分析零件图的几何构成，明确几何关系；

(2) 建立适当的直角坐标系(若零件图上已经建立了坐标系,此步骤可省略);

(3) 由图示的条件(长度、角度)确定已知点的坐标或建立直线(曲线)的方程;

(4) 用距离公式或解方程组的方法求得所需的尺寸或点的坐标。

习题 2.2

1. 某零件如图 2.2.15 所示,要在 AB 两孔的中心连线上钻一个 D 孔,且使 $CD \perp AB$,试根据图示尺寸求 D 孔的坐标及 CD 的长度。

2. 某零件如图 2.2.16 所示,试求该零件的检验尺寸 AD(其中 $AD \perp BC$)。

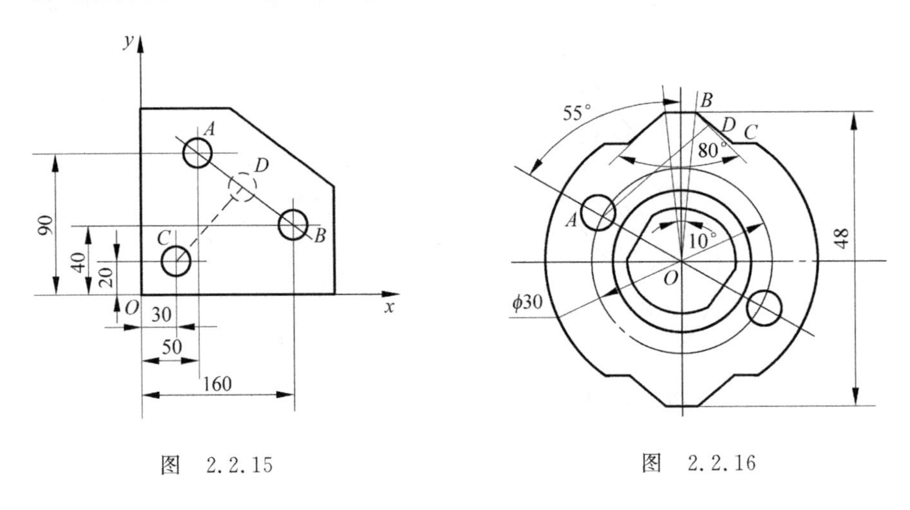

图 2.2.15　　　　图 2.2.16

3. 用圆弧形车刀精车如图 2.2.17 所示的零件,计算两个切点 A、B 的坐标。

4. 某零件如图 2.2.18 所示,试根据图示尺寸求 C 孔到直线 AB 的距离和 C 孔与 D 孔的中心距。

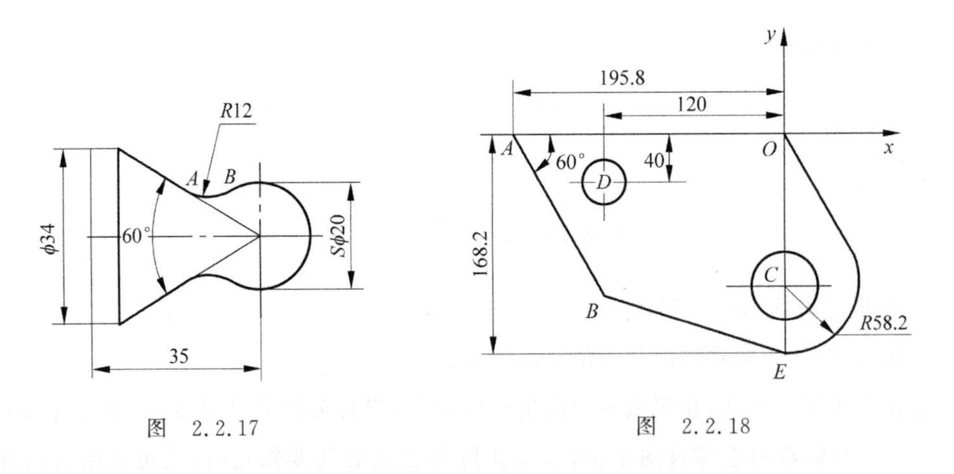

图 2.2.17　　　　图 2.2.18

5. 某零件如图 2.2.19 所示,现要加工型面,求 $R16$ 的圆心位置。

6. 某样板如图 2.2.20 所示,试根据图示尺寸求 $R25 \pm 0.02$ 的圆心坐标。

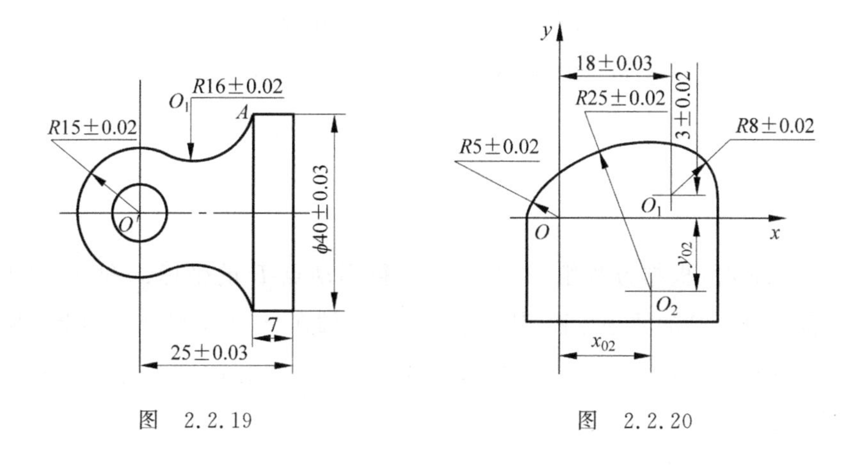

图　2.2.19　　　　图　2.2.20

2.3　参数方程及其应用

在数控加工程序中，曲线的参数方程往往可以较好地描述刀具轨迹的插补运动，有利于编写加工程序。

1. 参数方程的概念

直线和圆锥曲线的方程 $F(x,y)=0$，都是表示曲线上动点坐标 x、y 之间的直接关系，统称为曲线的普通方程。但在有些实际问题中，建立曲线的普通方程比较困难，需要借助另一个变数，来间接地表示曲线上动点坐标 x、y 之间的关系。看下面的例子。

【例 2.3.1】 如图 2.3.1 所示，以原点为圆心，分别以 a、$b(a>b)$ 为半径画两个圆。设大圆的半径 OA 交小圆于点 B，过点 A 作 $AM\perp x$ 轴，垂足为 M；过点 B 作 $BP\perp AM$，垂足为 P。求半径 OA 绕原点旋转时，动点 P 的轨迹方程。

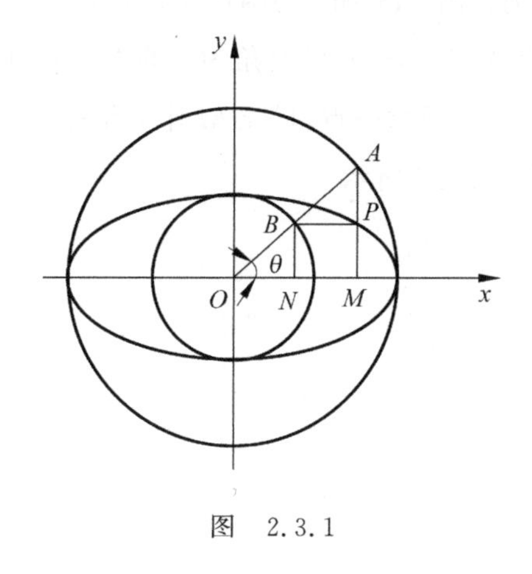

图　2.3.1

解：设动点 P 的坐标为 (x,y)，$\angle MOA=\theta$，过点 B 作 $BN\perp x$ 轴，垂足为 N，

则

$$x = OM = |OA| \cos\theta = a\cos\theta$$

$$y = MP = NB = |OB| \sin\theta = b\sin\theta$$

所以

$$\begin{cases} x = a\cos\theta \\ y = b\sin\theta \end{cases} \tag{2.3.1}$$

当 $0<\theta\leqslant 2\pi$ 时，根据方程组(2.3.1)可以得到动点 P 的坐标 x 和 y。因此，方程组(2.3.1)就是动点 P 的轨迹方程，其图形是一个长轴在 x 轴，短轴在 y 轴上的椭圆。

一般地，在取定的坐标系中，如果曲线上任意一点的坐标(x,y)，都可以表示为另一个变量 t 的函数

$$\begin{cases} x = f(t) \\ y = g(t) \end{cases} \tag{2.3.2}$$

并且对于 t 的每一个允许值，由方程组(2.3.2)所确定的点 $P(x,y)$都在这条曲线上，那么方程组(2.3.2)就叫做这条曲线的参数方程，联系 x、y 之间关系的变量 t 称为参变量，简称参数。

参数方程中的参数可以是具有物理、几何意义的变量，也可以是没有明显意义的变量。

由参数方程的定义知，例 2.3.1 中的方程组(2.3.1)就是椭圆的参数方程，其中参数 θ 表示转角的度数。由于 $a=b$ 时的椭圆就是圆，所以圆的参数方程为

$$\begin{cases} x = a\cos\theta \\ y = a\sin\theta \end{cases}$$

建立曲线的参数方程，一般是在取定的坐标系中，把曲线看成动点 $P(x,y)$的轨迹，选取适当的参数 t，然后分别找出 x、y 和 t 的函数关系式。

【例 2.3.2】 求经过点 $M_0(x_0,y_0)$，倾斜角为 θ 的直线 l 的参数方程。

解：设点 $M(x,y)$是直线上任意一点，过点 M 作 y 轴平行线，过点 M_0 作 x 轴的平行线，两直线相交于点 Q，如图 2.3.2 所示。

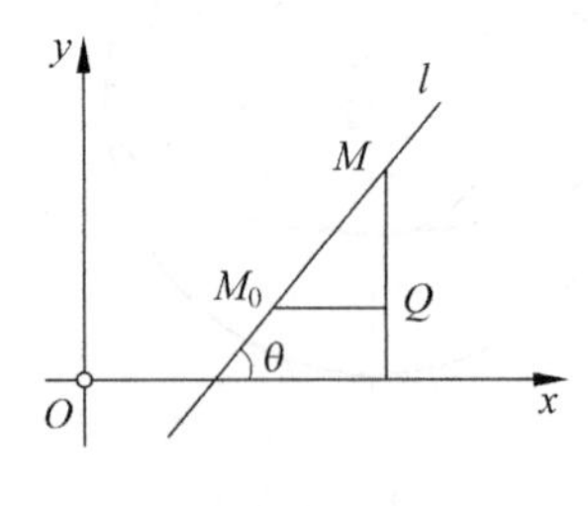

图 2.3.2

设 $MM_0=t$，取 t 为参数

因为

$$M_0Q = x - x_0, \quad QM = y - y_0$$

所以

$$x - x_0 = t\cos\theta, \quad y - y_0 = t\sin\theta$$

即

$$\begin{cases} x = x_0 + t\cos\theta \\ y = y_0 + t\sin\theta \end{cases}$$

这就是所求直线 l 的参数方程。

2. 化参数方程为普通方程

参数方程和普通方程是曲线方程的不同形式，它们都表示曲线上点的坐标之间的关系。显然，从曲线的参数方程中消去参数，就可得到曲线的普通方程(注意：并非每一个参数方程都能化为普通方程)。

对于一些简单的参数方程，可用代入法消去参数；对于含有三角函数的参数方程，可利用有关三角公式消去参数。这是把参数方程化为普通方程的两种常用方法。

【例 2.3.3】 将下面参数方程转化为普通方程，并指明方程所表示的曲线类型和形状。

$$\begin{cases} x = \frac{1}{2}t^2 & (2.3.3) \\ y = \frac{1}{4}t & (2.3.4) \end{cases}$$

解：由式(2.3.4)得

$$t = 4y$$

代入式(2.3.3)得

$$x = \frac{1}{2}(4y)^2$$

即

$$y^2 = \frac{1}{8}x$$

它表示顶点在原点、对称轴为 x 轴、焦点在 $\left(\frac{1}{32}, 0\right)$、开口向右的抛物线。

【例 2.3.4】 将下面参数方程转化为普通方程，并指明方程表示为何种曲线。

$$\begin{cases} x = a\frac{1}{\cos t} & (2.3.5) \\ y = b\tan t & (2.3.6) \end{cases}$$

解：由式(2.3.5)整理，两边平方得

$$\frac{x^2}{a^2}=\frac{1}{\cos^2 t} \tag{2.3.7}$$

由式(2.3.6)整理，两边平方得

$$\frac{y^2}{b^2}=\tan^2 t \tag{2.3.8}$$

(2.3.7)-(2.3.8)，得

$$\begin{aligned}\frac{x^2}{a^2}-\frac{y^2}{b^2}&=\frac{1}{\cos^2 t}-\frac{\sin^2 t}{\cos^2 t}\\&=\frac{1-\sin^2 t}{\cos^2 t}=\frac{\cos^2 t}{\cos^2 t}\\&=1\end{aligned}$$

即

$$\frac{x^2}{a^2}-\frac{y^2}{b^2}=1$$

它表示的曲线是双曲线。

3. 渐开线和摆线的参数方程

在机械设计和加工过程中，渐开线和摆线是两种常用的曲线。下面介绍它们的概念及参数方程。

(1) 渐开线及其参数方程

在机械传动中，传递动力的齿轮，大多采用渐开线作为齿轮线，如图 2.3.3 所示。

这种齿轮具有啮合传动平稳、强度好、磨损少、制造和装配都较方便等优点。齿轮线的方程用参数方程表示比较方便。那么什么是圆的渐开线呢?

如图 2.3.4 所示，把一条没有弹性的绳子绕在一个固定的圆盘侧面上，将一支笔系在绳的外端，把绳拉紧并逐渐展开(这时绳的拉直部分在每一时刻都与圆保持相切)，这样笔尖所画出的曲线，即绳的外端的轨迹叫做圆的渐开线。这个圆叫做渐开线的基圆。

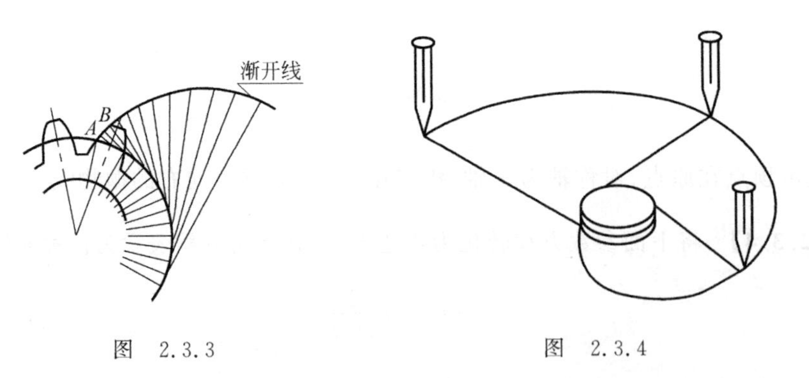

图 2.3.3 图 2.3.4

下面我们来推导渐开线的参数方程。

设基圆的圆心为 O，半径为 r，绳外端的初始位置为 A。以 O 为原点，直线 OA 为 x 轴，建立直角坐标系，如图 2.3.5 所示。

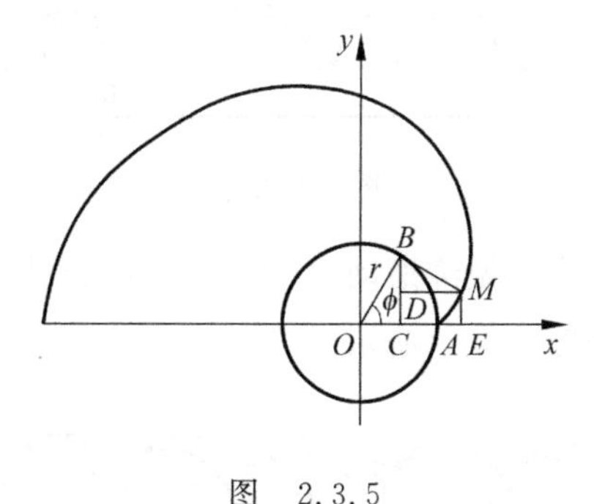

图　2.3.5

设点 $M(x,y)$ 为渐开线上任意一点，BM 是圆的切线，B 为切点，连结 OB，取以 OA 为始边、OB 为终边的正角 $\angle AOB=\phi$(rad)为参数，由渐开线的定义知

$$MB=\overset{\frown}{AB}=r\phi$$

作 $ME\perp x$ 轴，$BC\perp x$ 轴，$MD\perp BC$，垂足分别为 E、C、D。则 $\angle MBD=\phi$，于是点 M 的坐标为

$$\begin{aligned} x&=OE\\ &=OC+CE\\ &=OC+DM\\ &=OB\cos\phi+BM\sin\phi\\ &=r\cos\phi+r\phi\sin\phi\\ y&=EM\\ &=CD\\ &=CB-DB\\ &=OB\sin\phi-BM\cos\phi\\ &=r\sin\phi-r\phi\cos\phi \end{aligned}$$

所以，渐开线的参数方程为

$$\begin{cases} x=r(\cos\phi+\phi\sin\phi)\\ y=r(\sin\phi-\phi\cos\phi) \end{cases}$$

(2) 摆线及其参数方程

在机械工业中，有的齿轮、齿条的齿轮线是摆线的一部分，如图 2.3.6 所示。这样的齿轮、齿条具有传动精度好、耐磨损等优点，广泛应用于精密度要求较高的钟表工业和仪

表工业中。那么什么是摆线呢?

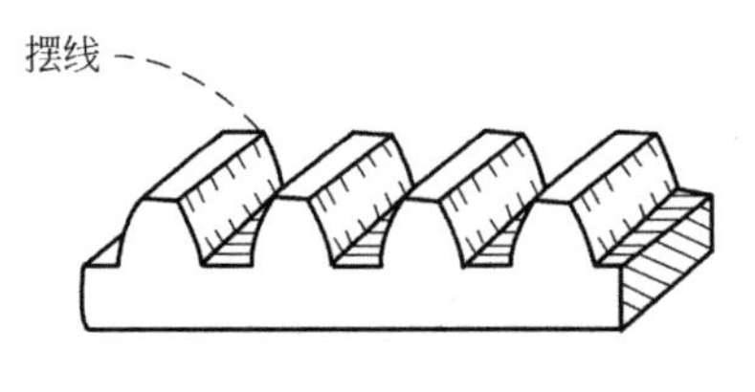

图 2.3.6

一个圆沿平面内一条定直线做纯滚动时(无相对滑动),圆周上一个定点所形成的轨迹,叫做摆线(或旋轮线),如图 2.3.7 所示。

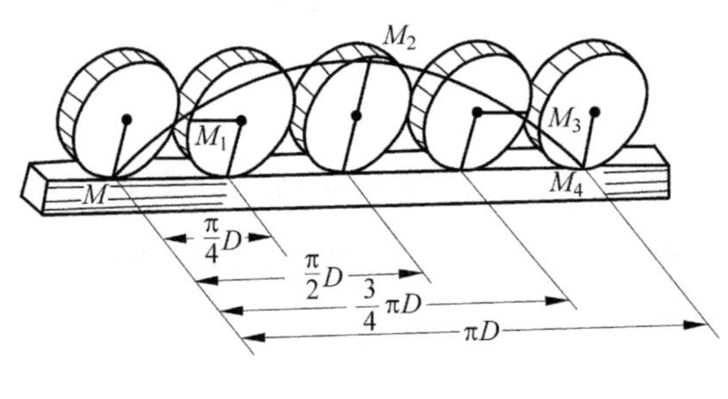

图 2.3.7

现在来建立摆线的参数方程。

设圆的半径为 r,取圆上定点 P 落在直线上的一个位置为原点,定直线为 x 轴、圆滚动的方向为 x 轴的正方向,建立直角坐标系,如图 2.3.8 所示。

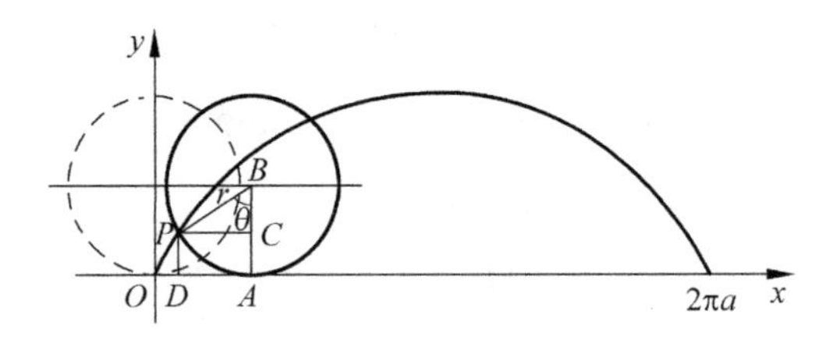

图 2.3.8

设 $P(x,y)$ 为摆线上的任意一点,这时,滚动圆的圆心移至点 B,圆与 x 轴相切于点 A。设 $\angle PBA=\theta$(rad)为参数,则由摆线的定义知:

$$OA = \overset{\frown}{PA} = r\theta$$

过 P 分别作 $PD\perp x$ 轴、$PC\perp AB$,垂足分别为 D、C

则

$$\begin{aligned} x &= OD \\ &= OA - DA \\ &= OA - PC \end{aligned}$$

$$
\begin{aligned}
&= r\theta - PB\sin\theta \\
&= r\theta - r\sin\theta \\
y &= DP \\
&= AC \\
&= AC - CB \\
&= r - PB\cos\theta \\
&= r - r\cos\theta
\end{aligned}
$$

所以摆线的参数方程为

$$
\begin{cases} x = r(\theta - \sin\theta) \\ y = r(1 - \cos\theta) \end{cases}
$$

当圆滚动一周，即 θ 由 0 变到 2π 时，点 P 描出摆线的第一拱。圆向前再滚动一周，θ 从 2π 变到 4π 时，点 P 描出摆线的第二拱。显然，第二拱的形状和第一拱完全相同。圆继续向前滚动，可得第三拱、第四拱……，圆向后滚动的情况也一样。可见摆线是无数段拱形弧组成的，拱宽为 $2\pi r$，拱高为 $2r$。

摆线有一些重要的性质。例如，物体在重力作用下从点 A 滑落到点 B（无摩擦），物体滑落所需时间最短的路线，不是沿点 A 到点 B 的直线，而是沿点 A 到点 B 的一段摆线，如图 2.3.9 所示。因此摆线又叫最速降线。

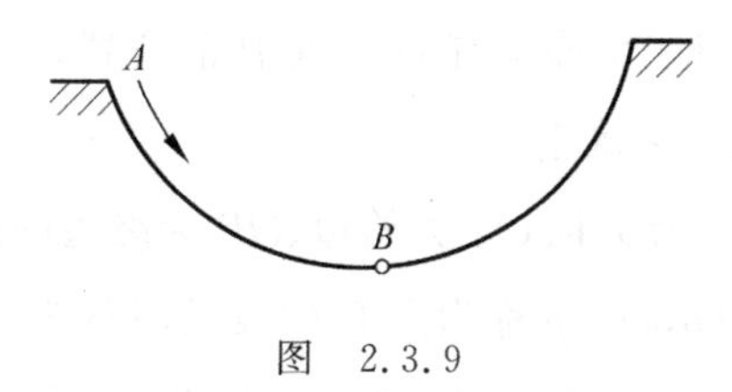

图　2.3.9

习题 2.3

1. 把下面的参数方程化为普通方程。

(1) $\begin{cases} x = 4 + \cos\theta \\ y = \sin \end{cases}$（$\theta$ 为参数）　　(2) $\begin{cases} x = 2pt^2 \\ y = 2pt \end{cases}$（$t$ 为参数）

2. 写出经过点 $M(1,5)$，倾角为 $\frac{\pi}{3}$ 的直线的参数方程。

3. 已知等腰直角三角形的锐角顶点 B 和直角顶点 A 分别在纵横两坐标轴上运动，设直角边长为 a，求另一锐角顶点 C 的轨迹。

4. 求圆心为(3,2)，半径为 5 的圆的参数方程。

5. 写出基圆半径为 4cm 的圆的渐开线的参数方程。

2.4 极坐标及其应用

1. 极坐标的概念

生产实践中，直角坐标系应用很广泛，但它并不是用来确定平面内点的位置的唯一方法。例如：炮兵射击时，是用方位角和距离来确定目标的位置；凸轮轮廓上点的位置常用转角和这个点到转动中心的距离来表示。这表明，在有些情况下人们可以用一个角度和一个距离来确定平面上点的位置。

如图 2.4.1 所示，在平面上任取一点 O，由 O 点引一条射线 Ox，再确定长度单位和角的正方向(一般取逆时针)，这样就在平面内建立了一个极坐标系。点 O 称为极点，射线 Ox 称为极轴。

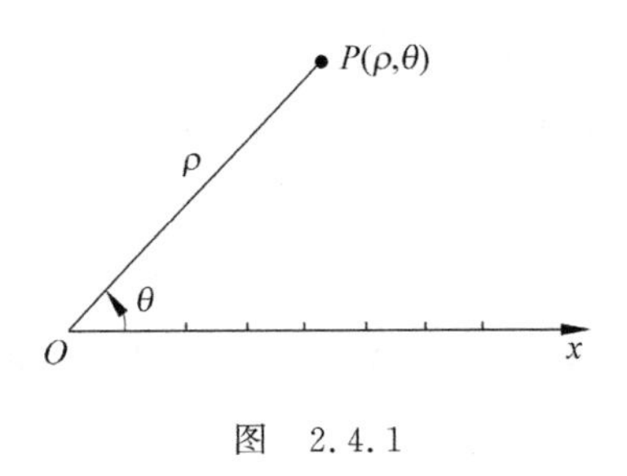

图 2.4.1

在建立了极坐标系后，对于平面上任意一点 P 的位置，可以用线段 OP 的长度和以 Ox 为始边、OP 为终边的角度来确定。

设点 P 到极点 O 的距离为 ρ，以 Ox 为始边、OP 为终边的角度为 θ，则称有序数对 (ρ,θ) 为点 P 的极坐标，记作 $P(\rho,\theta)$。ρ 称为点 P 的极径，θ 称为点 P 的极角。

我们规定：$\rho\geqslant 0$，$-\pi<\theta\leqslant\pi$(或 $0\leqslant\theta\leqslant 2\pi$)。在此规定下，极坐标平面上的任意一点 P(极点除外)就与它的极坐标 (ρ,θ) 是一一对应的关系。特别地，极点的极坐标为 $(0,\theta)$，其中 θ 可以取任意值。

【例 2.4.1】 在极坐标平面上，作出极坐标 $A\left(2,\frac{\pi}{4}\right)$、$B\left(3,\frac{2\pi}{3}\right)$、$C\left(5,-\frac{5\pi}{6}\right)$、$D\left(6,-\frac{\pi}{12}\right)$、$E\left(6,-\frac{\pi}{2}\right)$、$F(4,\pi)$ 的点。

解：如图 2.4.2 所示，过极点 O 作 OA 射线，使 OA 与 Ox 成 $\frac{\pi}{4}$ 角；再在射线 OA 上取 A 点，使 $|OA|=2$，则点 A 即为极坐标 $\left(2,\frac{\pi}{4}\right)$ 的点。

类似地，可以作出点 B、C、D、E、F。

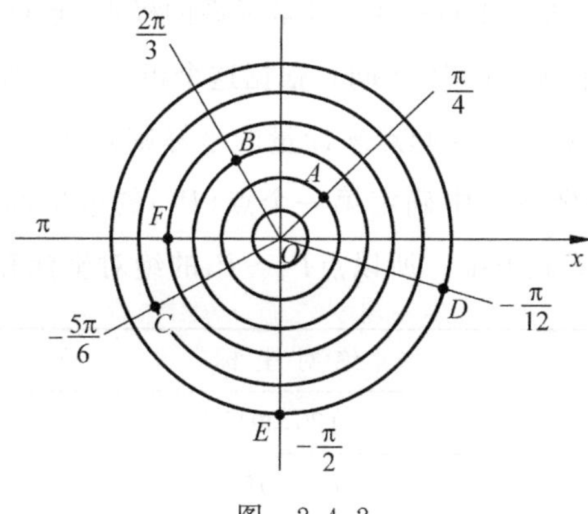

图　2.4.2

【例 2.4.2】 写出如图 2.4.3 所示极坐标平面上的点 M、N、P、Q 的极坐标。

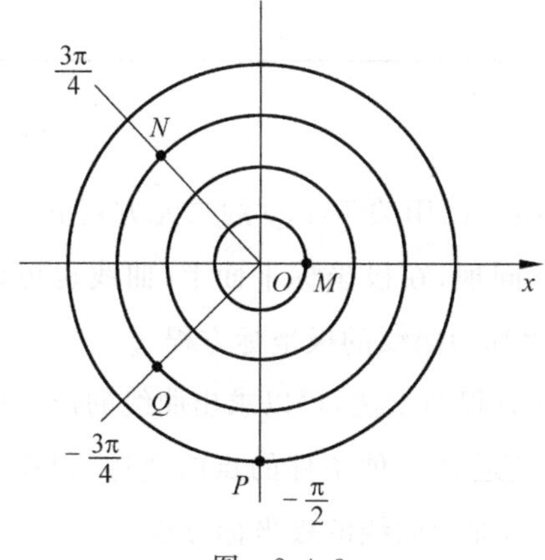

图　2.4.3

解：因为 $|OM|=1$，点 M 的极角 $\theta=0$，所以点 M 的的极坐标为 $(1,0)$。

同理，可得

$$N\left(3,\frac{3\pi}{4}\right),\quad P\left(4,-\frac{\pi}{2}\right),\quad Q\left(3,-\frac{3\pi}{4}\right)$$

【例 2.4.3】 试在极坐标系中，用绝对坐标和相对坐标表示如图 2.4.4 所示数控铣床加工冲孔模的 $P_1 \sim P_5$ 孔的极坐标。

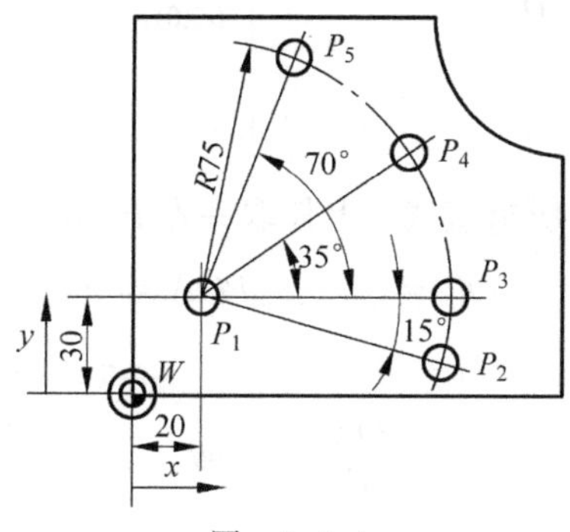

图　2.4.4

解：如图 2.4.4 所示，机床零点是 W，极坐标系的极点(起点)是P_1，把过极点的水平线规定为极轴(此时的水平线与P_1P_3相同)，根据这个极坐标系所确定的坐标是绝对极坐标；与机床零点无关，只相对于它的起点来计量的坐标则是相对极坐标。具体地说，相对极坐标的计算是先在原极坐标系中确定第一个点(P_2)的极坐标，再以它为坐标系，确定第二个点(P_3)的极坐标，依此类推。所以点P_1～P_5的绝对坐标和相对坐标如下表所示。

点	绝对坐标	相对坐标
P_1	(20,30)	(20,30)
P_2	(75,−15°)	(75,−15°)
P_3	(75,0°)	(75,15°)
P_4	(75,35°)	(75,35°)
P_5	(75,70°)	(75,35°)

2. 曲线的极坐标方程

在直角坐标平面中，曲线可以用关于 x，y 的二元方程 $F(x,y)=0$ 来表示，这种方程称为曲线的直角坐标方程。同理，在极坐标平面上，曲线也可以用关于 ρ、θ 的二元方程 $G(\rho,\theta)=0$ 来表示，这种方程称为曲线的极坐标方程。

类似于曲线的直角坐标方程的求法，可以求出曲线的极坐标方程。设 $P(\rho,\theta)$是曲线上的任意一点，把曲线看做是适合某种条件的点的轨迹，根据已知条件求出 ρ、θ 的关系式，并化简整理得 $G(\rho,\theta)=0$，即为曲线的极坐标方程。

【例 2.4.4】 求过点 $A(2,0)$且垂直于极轴的直线的极坐标方程。

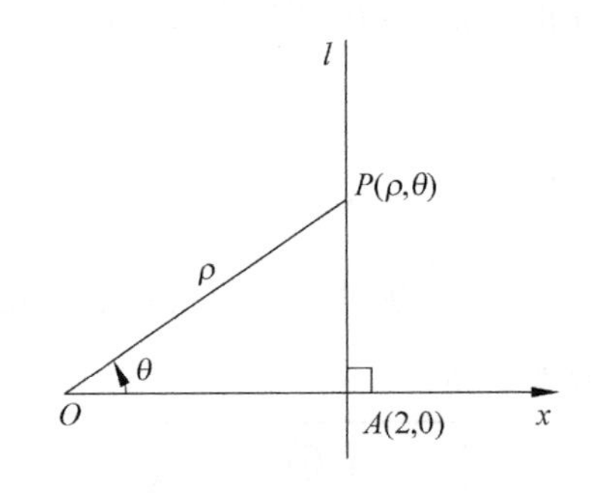

图 2.4.5

解：如图 2.4.5 所示，在所求直线 l 上任取一点 $P(\rho,\theta)$，连结 OP，则

$$OP=\rho,\quad \angle POA=\theta$$

在 Rt△PAO 中，由

$$\frac{OA}{OP}=\cos\theta$$

得

$$\frac{2}{\rho} = \cos\theta$$

$\rho\cos\theta=2$ 即为所求直线的极坐标方程。

【例 2.4.5】 求圆心在 $C(a,0)$,半径是 a 的圆的极坐标方程。

解：由已知条件,圆心在极轴上,圆经过极点 O,设圆与极轴的另一个交点是 A。设 $M(\rho,\varphi)$是圆上任意一点,连结 MA,则 $OM\perp AM$,在 $\mathrm{Rt}\triangle OMA$ 中可得

$$OM = OA\cos\varphi$$

又因为 $OM=\rho$,$OA=2a$,所以

$$\rho = 2a\cos\varphi$$

即为所求的圆的极坐标方程。

3. 极坐标与直角坐标的互化

极坐标系和直角坐标系是两种不同的坐标系,同一个点可以用极坐标表示,也可以用直角坐标表示,这两种坐标在一定条件下可以互相转化。在生产实践中,往往需要将两种坐标互换。

如图 2.4.6 所示,极坐标系的极点和直角坐标系的原点重合,极轴和 x 轴重合,极坐标系和直角坐标系的长度单位相同。于是,平面上任意一点 P 的极坐标(ρ,θ)和直角坐标(x,y)之间,具有下列关系：

$$\begin{cases} x = \rho\cos\theta \\ y = \rho\sin\theta \end{cases} \tag{2.4.1}$$

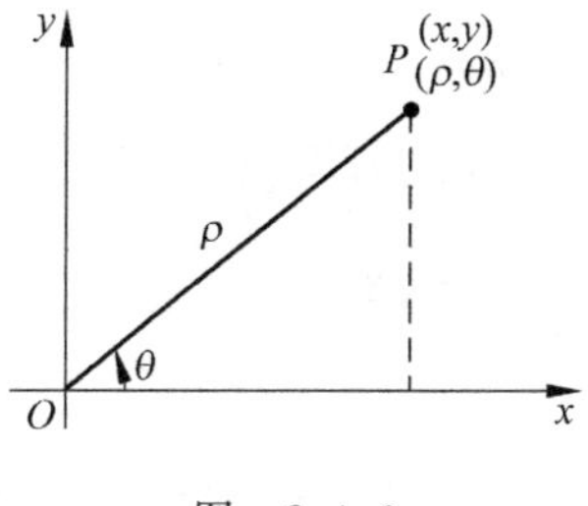

图　2.4.6

根据式(2.4.1),又可推导出下列关系式：

$$\begin{cases} \rho = \sqrt{x^2 + y^2} \\ \tan\theta = \dfrac{y}{x}(x \neq 0) \end{cases} \tag{2.4.2}$$

利用式(2.4.1),可将点的极坐标化为直角坐标；利用式(2.4.2),可将点的直角坐标化为极坐标。值得注意的是,利用 $\tan\theta$ 求 θ 时,要根据点 P 的直角坐标(x,y)来确定 θ 所在的象限。特别地,当 $x=0$ 时,$\tan\theta$ 不存在,这时若 $y>0$,则 $\theta=\frac{\pi}{2}$；若 $y<0$,则$\theta=-\frac{\pi}{2}$。

【例 2.4.6】 将点 P 的极坐标$\left(2,\frac{5\pi}{6}\right)$化为直角坐标。

解：将已知点的极坐标代入式(2.4.1)，得

$$\begin{aligned}x&=\rho\cos\theta\\&=2\cos\frac{5\pi}{6}\\&=2\times\left(-\frac{\sqrt{3}}{2}\right)\\&=-\sqrt{3}\\y&=\rho\sin\theta\\&=2\sin\frac{5\pi}{6}\\&=2\times\frac{1}{2}\\&=1\end{aligned}$$

所以点 P 的直角坐标为$(-\sqrt{3},1)$。

【例 2.4.7】 把下列各点的直角坐标化为极坐标。

(1) $M(-1,1)$　　　　(2) $N(0,-4)$

解：(1) 将已知点 M 的直角坐标代入式(2.4.2)，得

$$\begin{aligned}\rho&=\sqrt{x^2+y^2}\\&=\sqrt{(-1)^2+1^2}\\&=\sqrt{2}\end{aligned}$$

因为

$$x=-1<0,\quad y=1>0$$

所以

$$\begin{aligned}\tan\theta&=\frac{y}{x}\\&=\frac{1}{-1}\\&=-1\end{aligned}$$

因为

$$0<\theta\leqslant\pi$$

所以

$$\theta = \frac{3\pi}{4}$$

所以点 M 的极坐标为 $\left(\sqrt{2}, \frac{3\pi}{4}\right)$。

(2) $\rho = \sqrt{x^2 + y^2} = \sqrt{0^2 + (-4)^2} = 4$

因为

$$x = 0, \quad y = -4 < 0$$

所以

$$\theta = -\frac{\pi}{2}$$

所以点 N 的极坐标为 $\left(4, -\frac{\pi}{2}\right)$。

4. 等速螺线

在机械传动过程中，经常需要把旋转运动变成直线运动。图 2.4.7 中的凸轮装置就是借助凸轮绕定轴旋转推动从动杆做上、下往复直线运动。如果需要从动杆做等速直线运动，凸轮的轮廓线就要用等速螺线。

什么是等速螺线呢？当一个动点沿着一条射线做等速直线运动，同时这条射线又绕着它的端点做等角速旋转运动时，这个动点的轨迹就是等速螺线。等速螺线也称阿基米德螺线。

下面，我们来建立等速螺线的极坐标方程。如图 2.4.8 所示，设 O 为射线 l 的端点，以 O 为极点，l 的初始位置为极轴，建立极坐标系。

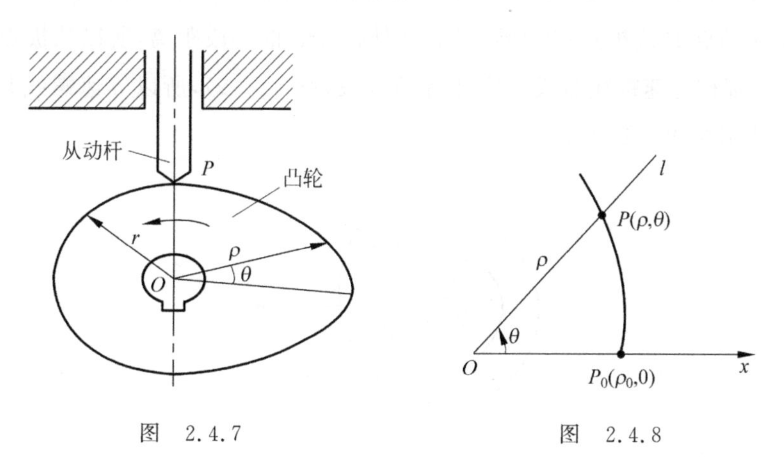

图　2.4.7　　　　图　2.4.8

设动点 $P(\rho,\theta)$ 在射线 l 上的初始位置为 $P_0(\rho_0, 0)$，并设动点 P 沿射线 l 做直线运动的速度为 v，射线 l 绕着点 O 做旋转运动的角速度为 ω(以逆时针方向为正方向)，则由等速螺线的定义知，经过时间 t，动点 P 的极坐标 (ρ,θ) 满足下列关系式：

$$OP - OP_0 = \rho - \rho_0$$
$$= vt$$
$$\theta = \omega t$$

即

$$\rho = \rho_0 + vt$$
$$\theta = \omega t$$

这样，等速螺线关于时间 t 的参数方程为

$$\begin{cases} \rho = \rho_0 + vt \\ \theta = \omega t \end{cases}$$

消去时间参数 t，得

$$\rho = \rho_0 + \frac{v}{\omega}\theta$$

由于式中 v 和 ω 均为已知常数，不妨令 $\frac{v}{\omega}=a(a\neq 0)$，则得

$$\rho = \rho_0 + a\theta$$

即为等速螺线的极坐标方程。

特别地，$\rho_0=0$ 时，方程变成为

$$\rho = a\theta$$

它表示一条由极点出发的等速螺线。

由等速螺线方程 $\rho=a\theta(a\neq 0)$ 可知：ρ 与 θ 成正比例关系。当 $\theta=0$ 时，$\rho=0$，螺线由极点开始；当 θ 增大时，ρ 就按比例增大，θ 每增大一周角 2π 时，ρ 就相应增大 $2\pi a$ 的一段距离。这说明动点 P 绕极点 O 每转一圈，就外移 $2\pi a$ 的一段距离，所以从极点 O 引出的每一条射线 l 都被等速螺线截成长度相等的线段（图 2.4.9），所以等速螺线是螺旋形状的。这是等速螺线的重要性质。

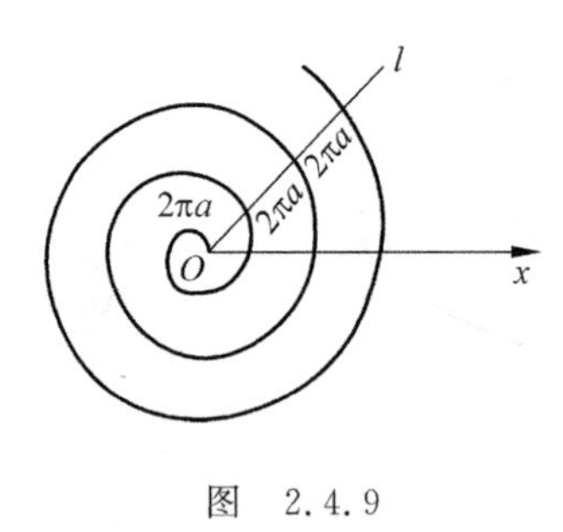

图 2.4.9

5. 极坐标与参数方程的应用

在生产实践中有一些比较复杂和特殊的问题，用直角坐标法确定其运动轨迹会显得十分繁琐，而用极坐标和参数方程则较易解决。极坐标和参数方程为研究在机械加工中

的一些角度和旋转问题，以及确定机械传动中的一些较复杂的运动轨迹，提供了一种比较有效的方法。数控系统一般都带有极坐标指令，对于尺寸标注使用角度标注点的位置，或以某一点为原点描述一个动点的角度变化，使用极坐标表示会非常方便。下面举例说明极坐标和参数方程的基本应用。

【例 2.4.8】 在数控加工时，要在图 2.4.10 中各点处加工孔。若用极坐标方式编程，试求各点的极坐标。其中点 P_2、P_3 在 $R40$ 圆周上，点 P_1、P_4、P_5、P_8 在 $R35$ 圆周上，点 P_6、P_7 在 $R30$ 圆周上。

解：在图 2.4.10 的基础上，取点 P_0 为极点，P_0x 为极轴，建立极坐标系如图 2.4.11 所示。由图示及已知条件可得各点的极坐标分别为

$$P_0(0,0),\quad P_1\left(35,\frac{\pi}{9}\right),\quad P_2\left(40,\frac{\pi}{9}\right),\quad P_3\left(40,\frac{\pi}{3}\right)$$

$$P_4\left(35,\frac{\pi}{3}\right),\quad P_5\left(35,\frac{5\pi}{18}\right),\quad P_6\left(30,\frac{5\pi}{18}\right),\quad P_7\left(30,\frac{\pi}{6}\right),\quad P_8\left(35,\frac{\pi}{6}\right)$$

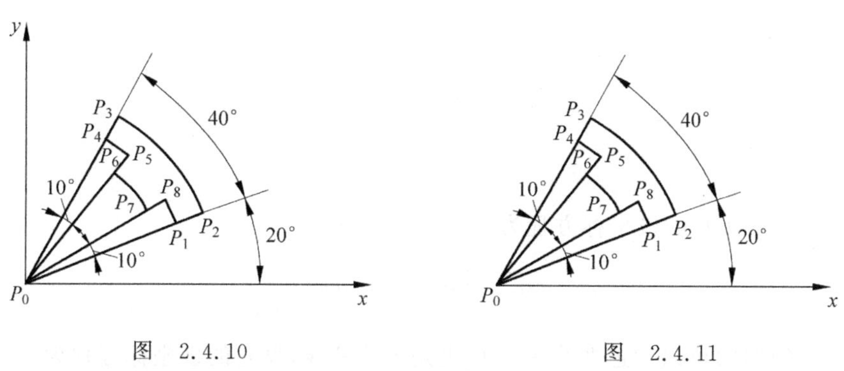

图　2.4.10　　　　图　2.4.11

【例 2.4.9】 如图 2.4.12 所示，设计一个盘形凸轮，凸轮依顺时针方向绕轴 O 作匀角速转动。开始时，从动杆和轮廓线的接触点为 A，且凸轮基圆半径 $|OA|=60\text{mm}$。要求从动杆按照下面的条件运动：

（1）当凸轮的转角 θ 从 0 转到 $\frac{5\pi}{6}$ 时，从动杆等速向右运动 60mm；

（2）当转角 θ 从 $\frac{5\pi}{6}$ 转到 $\frac{7\pi}{6}$ 时，从动杆等速向左返回 60mm；

（3）当转角 θ 从 $\frac{7\pi}{6}$ 转到 2π 时，从动杆保持不动。

求凸轮轮廓线的极坐标方程。

解：取 O 为极点，射线 OA 为极轴，建立极坐标系，如图 2.4.13 所示。可以看出凸轮轮廓线是由曲线 AM_1B、BM_2C、CM_3A 三部分组成，只要分别求出它们的极坐标方程即可，设 $P(\rho,\theta)$ 为凸轮轮廓线上任意一点。

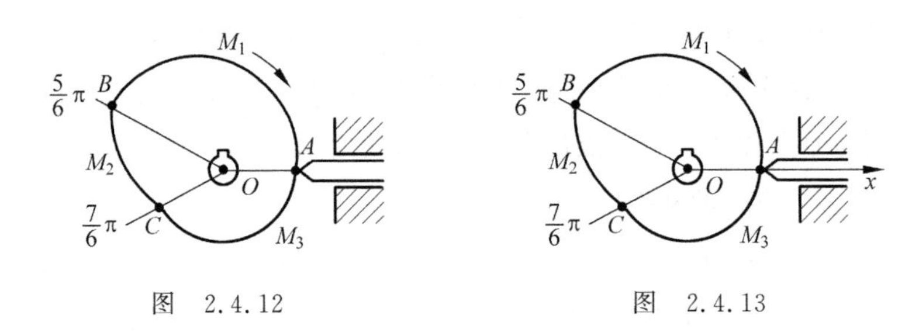

图 2.4.12　　图 2.4.13

(1) 由条件(1)可以知道曲线 AM_1B 是等速螺线，设它的极坐标方程为

$$\rho=\rho_0+a\theta \quad (\rho_0, a \text{ 为待定系数})$$

因为 $A(60,0)$，$B\left(120,\frac{5\pi}{6}\right)$ 都在曲线上，代入方程，得

$$\begin{cases}60=\rho_0+a\cdot 0\\ 120=\rho_0+a\,\dfrac{5\pi}{6}\end{cases}$$

解得

$$\begin{cases}\rho_0=60\\ a=\dfrac{72}{\pi}\end{cases}$$

所以曲线 AM_1B 的极坐标方程为

$$\rho=60+\frac{72}{\pi}\theta \quad \left(0\leqslant\theta\leqslant\frac{5\pi}{6}\right)$$

(2) 由条件(2)可以知道曲线 BM_2C 也是等速螺线，设它的极坐标方程为

$$\rho=\rho_1+a_1\theta \quad (\rho_1, a_1 \text{ 为待定系数})$$

因为 $B\left(120,\frac{5\pi}{6}\right)$，$C\left(60,\frac{7\pi}{6}\right)$ 都在此曲线上，所以

$$\begin{cases}120=\rho_1+a_1\,\dfrac{5\pi}{6}\\ 60=\rho_1+a_1\,\dfrac{7\pi}{6}\end{cases}$$

解得

$$\begin{cases}\rho_1=270\\ a_1=-\dfrac{180}{\pi}\end{cases}$$

所以曲线 BM_2C 的极坐标方程为

$$\rho=270-\frac{180}{\pi}\theta \quad \left(\frac{5\pi}{6}\leqslant\theta\leqslant\frac{7\pi}{6}\right)$$

(3) 由条件(3)得曲线 CM_3A 的极坐标方程为

$$\rho = 60 \quad \left(\frac{7\pi}{6} \leqslant \theta \leqslant 2\pi\right)$$

所以,所求凸轮轮廓线的极坐标方程为:

曲线 AM_1B　$\rho=60+\frac{72}{\pi}\theta\left(0\leqslant\theta\leqslant\frac{5\pi}{6}\right)$

曲线 BM_2C　$\rho=270-\frac{180}{\pi}\theta\left(\frac{5\pi}{6}\leqslant\theta\leqslant\frac{7\pi}{6}\right)$

曲线 CM_3A　$\rho=60\left(\frac{7\pi}{6}\leqslant\theta\leqslant 2\pi\right)$

【例 2.4.10】 某零件如图 2.4.14 所示,沿圆周 $\phi100\pm0.05$ 均匀分布六个孔,要保证两孔之间的圆周均布公差为 0.06mm,求 60°角的公差 T_θ。

注:公差是指零件的允许尺寸的变动量,它等于上极限尺寸与下极限尺寸之差。

解:以 $\phi100\pm0.05$ 中心为极点,过极点作射线 Ox 为极轴,作极坐标系如图 2.4.15 所示。极角的基本尺寸计算公式为

$$\theta = \frac{l}{R}(\text{rad})$$

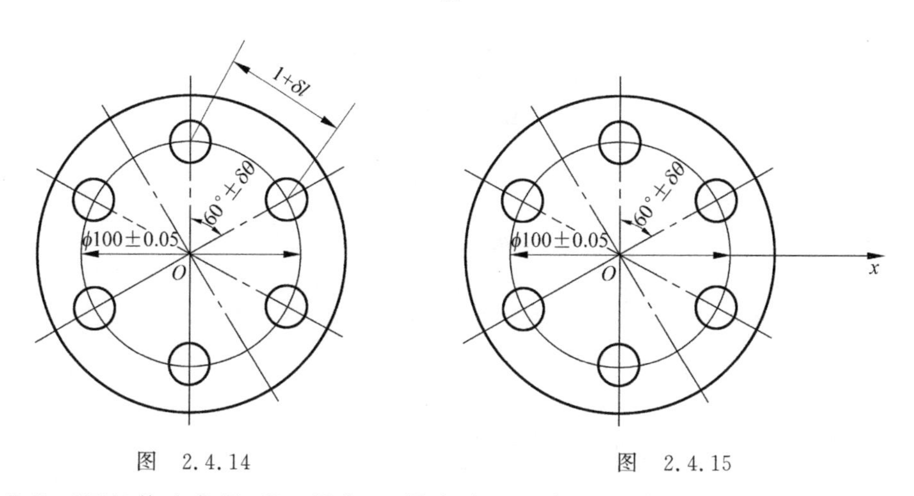

图　2.4.14　　　　图　2.4.15

公差可用极值法求得,即 l 最大,R 最小时,θ 最大;l 最小,R 最大时,θ 最小。则有

$$\theta_{\max} = \frac{l_{\max}}{R_{\min}}, \quad \theta_{\min} = \frac{l_{\min}}{R_{\max}}$$

$$\Delta\theta = \theta_{\max} - \theta_{\min} = \frac{l_{\max}}{R_{\min}} - \frac{l_{\min}}{R_{\max}} \tag{2.4.3}$$

由于

$$l_{\max} = l + \Delta l, \quad l_{\min} = l - \Delta l$$

$$R_{max}=R+\Delta R,\quad R_{min}=R-\Delta R$$

代入式(2.4.3)化简，得

$$\Delta\theta=\frac{2R\cdot\Delta l+2l\cdot\Delta R}{R^2-(\Delta R)^2}$$

$$=\frac{2R(\Delta l+\theta\cdot\Delta R)}{R^2-(\Delta R)^2}$$

因为$(\Delta R)^2$值很小，为了简化运算可省去。省去后分母值变大了，得到的$\Delta\theta$变小，这样就提高了零件的精度。因此可得

$$\Delta\theta=\frac{2(\Delta l+\theta\cdot\Delta R)}{R}$$

将其写成对称极限偏差的形式，有

$$T_\theta=\pm\left(\frac{\Delta l+\theta\cdot\Delta R}{R}\right)$$

根据以上分析，可以求出60°角的公差。

已知

$$R\pm\Delta R=\frac{100}{2}\pm\frac{0.05}{2}$$

$$=50\pm0.025$$

$$\Delta l=\pm\frac{0.06}{2}$$

$$=\pm0.03$$

$$\theta=60^\circ$$

$$=\frac{\pi}{3}$$

则

$$T_\theta=\pm\left(\frac{\Delta l+\theta\cdot\Delta R}{R}\right)$$

$$=\pm\left(\frac{0.03+\frac{\pi}{3}\times0.025}{50}\right)$$

$$=\pm0.0011(\text{rad})$$

所以60°角的公差为±0.0011。

【例 2.4.11】 标准渐开线直齿圆柱齿轮如图2.4.16所示，α_f为分度圆上的齿形角，国家齿轮标准规定$\alpha_f=20^\circ$，R_f为分度圆半径。试求：(1)分度圆齿形角对应的渐开角θ_f；(2)分度圆半径与基圆半径r_0的关系。

解：根据齿轮传动的原理，首先要求渐开线的极坐标参数方程。

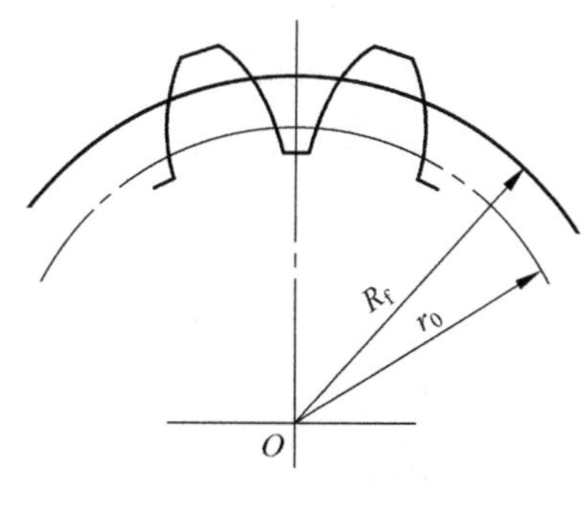

图 2.4.16

如图 2.4.17 所示，设渐开线与基圆的交点为 A，取基圆圆心为极点，射线 OA 为极轴。设 $M(\rho,\theta)$是渐开线上任意一点，作 MB 与基圆 O 相切于 B 点，连接 OB，$\angle AOM=\theta$，$\angle BOM=\alpha$，以 α 为参数。

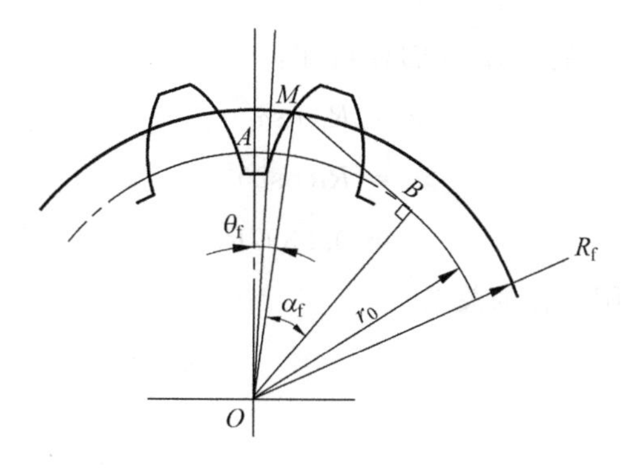

图 2.4.17

从$\triangle OBM$ 中得到

$$\rho=\frac{r_0}{\cos\alpha}$$

根据渐开线的形成原理，有

$$MB=\overset{\frown}{AB}$$
$$=r_0(\alpha+\theta)$$

在 Rt$\triangle OBM$ 中

$$MB=r_0\tan\alpha$$

则

$$r_0\tan\alpha_f=r_0(\alpha+\theta)$$

即 θ 与 α 的关系为

$$\theta=\tan\alpha-\alpha$$

因此得到渐开线的极坐标参数方程为

$$\begin{cases}\rho = \dfrac{r_0}{\cos\alpha} \\ \theta = \tan\alpha - \alpha\end{cases}$$

当 $\alpha=\alpha_f$ 时，$\theta=\theta_f$。因为

$$\alpha_f = 20^\circ = \frac{\pi}{9}$$

所以

$$\begin{aligned}\theta_f &= \tan\alpha_f - \alpha_f \\ &= \tan\frac{\pi}{9} - \frac{\pi}{9} \\ &= 0.36397 - 0.34906 \\ &= 0.01491\end{aligned}$$

即分度圆齿形角对应的渐开角为 0.01491。

若点 M 在分度图上，则由 Rt$\triangle OBM$ 可知：

$$\begin{aligned}r_0 &= R_f\cos\alpha_f \\ &= R_f\cos20^\circ \\ &= 0.9397R_f\end{aligned}$$

这就是分度圆半径与基圆半径的关系。

习题 2.4

1. 把下列点的直角坐标改写为极坐标。

(1) $A(1,-1)$； (2) $B(-1,\sqrt{3})$； (3) $C(-\sqrt{2},-1)$

2. 把下列点的极坐标改写成直角坐标。

(1) $P\left(1,\dfrac{2\pi}{3}\right)$； (2) $Q\left(3,\dfrac{\pi}{4}\right)$； (3) $R\left(4,\dfrac{5\pi}{6}\right)$

3. 写出下列极坐标方程的直角坐标形式，并指出所表示的曲线。

(1) $\rho=3\cos\alpha$； (2) $\rho=\dfrac{1}{1+2\cos\alpha}$； (3) $\rho=\dfrac{1}{1+\cos\alpha}$

4. 求平行于极轴，且与极轴距离为 a 的直线的极坐标方程。

5. 由于某种需要，设计一个凸轮，轮廓线如图 2.4.18 所示，要求如下：凸轮顺时针方向绕点 O 转动，开始时从动杆接触点为 A，$|OA|=4$cm。(1)当从动杆接触轮廓线 ABC 时，它被推向右方做等速直线运动，凸轮旋转角度 $\dfrac{11}{8}\pi$ 时，有最大推程 18cm，即 $|OC|=18$cm；(2)当从动杆接触轮廓线 CDA 时，它向左等速退回原位。求曲线 ABC 及曲线 CDA 的极坐标方程。

6. 某零件如图 2.4.19 所示，六孔沿圆周均匀分布，求两孔之间的圆周均布公差 δl。

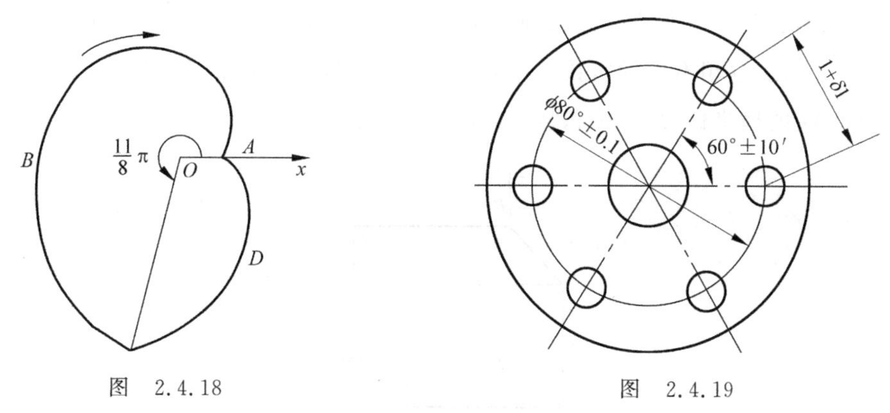

图　2.4.18　　　　图　2.4.19

7. 三爪卡盘上的螺纹是等速螺线，如果螺纹上距中心最近的点到中心的距离为 56cm，两圈螺纹间的距离是 8cm，写出这条螺纹的方程。

2.5　空间坐标与曲面方程

1. 空间直角坐标系

在空间中任取一点 O，经过点 O 作三条两两互相垂直且有相同长度单位的数轴，这三条数轴分别称 x 轴、y 轴、z 轴，统称为坐标轴。三个坐标轴的正方向通常采用右手法则(如图 2.5.1 所示)确定，这样构建起来的坐标体系称为空间直角坐标系，点 O 称为坐标原点。

由三条数轴中的任意两条所确定的平面称为坐标平面，例如，由 x 轴、y 轴所确定的坐标平面称为 xOy 平面，同理还有 yOz 平面、xOz 平面。这三个坐标平面把空间分为八个部分，称为八个卦限，分别用大写罗马数字Ⅰ、Ⅱ、Ⅲ、Ⅳ、Ⅴ、Ⅵ、Ⅶ、Ⅷ表示，其顺序规定如图 2.5.2 所示。

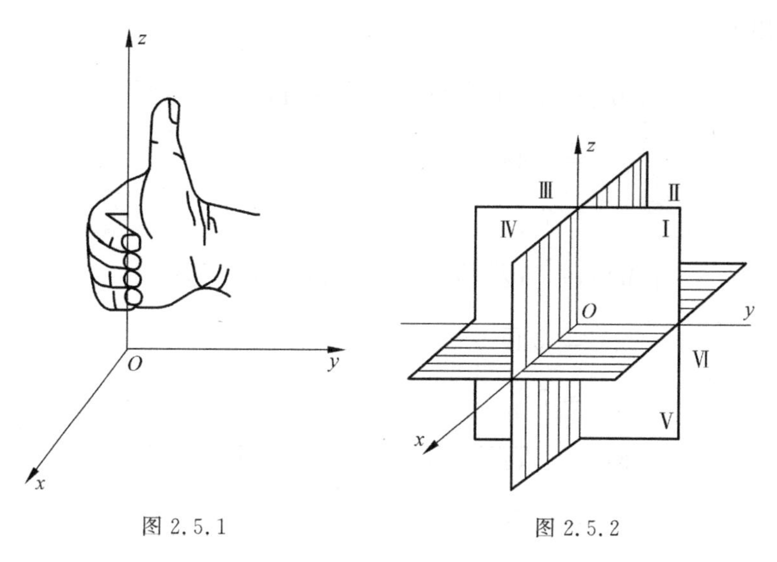

图 2.5.1　　　　图 2.5.2

对于空间中任意一点 M,可以这样确定它的坐标：过点 M 分别作平行于 xOy、yOz、zOx 坐标平面的三个平面，交 x、y、z 轴于 P、Q、R 三点，这三点在 x 轴、y 轴、z 轴上的坐标依次为 x、y、z。这组有序的实数组称为空间一点 M 的坐标，记为 $M(x,y,z)$。x、y、z 分别称为点 M 的横坐标、纵坐标和竖坐标，如图 2.5.3 所示。

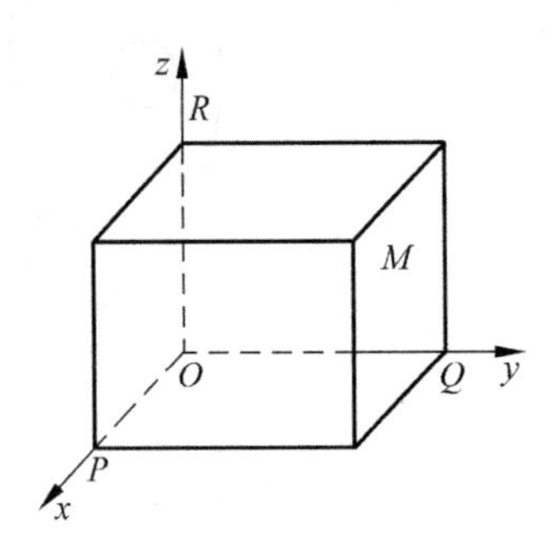

图 2.5.3

相反，在空间中给定某个点的坐标，可以确定它的位置。比如，点 $A(1,2,1)$ 在第Ⅰ卦限，$B(-3,-2,6)$ 是第Ⅲ卦限的点，$C(-2,1,-6)$ 是第Ⅵ卦限的点，$O(0,0,0)$ 是坐标原点，它们都是空间中的点。

2. 空间两点间的距离

与平面上两点间距离类似，空间两点 $M_1(x_1,y_1,z_1)$,$M_2(x_2,y_2,z_2)$ 间的距离为

$$\begin{aligned} d &= |M_1M_2| \\ &= \sqrt{(x_1-x_2)^2+(y_1-y_2)^2+(z_1-z_2)^2} \end{aligned}$$

【例 2.5.1】 试证以三点 $A(4,1,9)$,$B(10,-1,6)$,$C(2,4,3)$ 为顶点的三角形是等腰直角三角形。

证明：因为

$$\begin{aligned} |AB| &= \sqrt{(10-4)^2+(-1-1)^2+(6-9)^2} \\ &= \sqrt{49} \\ &= 7 \end{aligned}$$

$$\begin{aligned} |AC| &= \sqrt{(2-4)^2+(4-1)^2+(3-9)^2} \\ &= \sqrt{49} \\ &= 7 \end{aligned}$$

$$\begin{aligned} |BC| &= \sqrt{(2-10)^2+(4+1)^2+(3-6)^2} \\ &= \sqrt{98} \end{aligned}$$

$$|AB| = |AC|, |BC|^2 = |AB|^2 + |AC|^2$$

所以,ABC 为等腰直角三角形。

3. 空间曲面

与平面曲线一样,空间曲面也可以看做点的集合,如图 2.5.4 所示。如果某曲面 S 上的点与一个三元方程 $F(x,y,z)=0$ 建立了如下关系:

(1) 曲面 S 上点的坐标都是这个方程的解;

(2) 以这个方程 $F(x,y,z)=0$ 的解为坐标的点都在曲面 S 上。

则称方程 $F(x,y,z)=0$ 为曲面 S 的方程,曲面 S 称为方程 $F(x,y,z)=0$ 的图形。

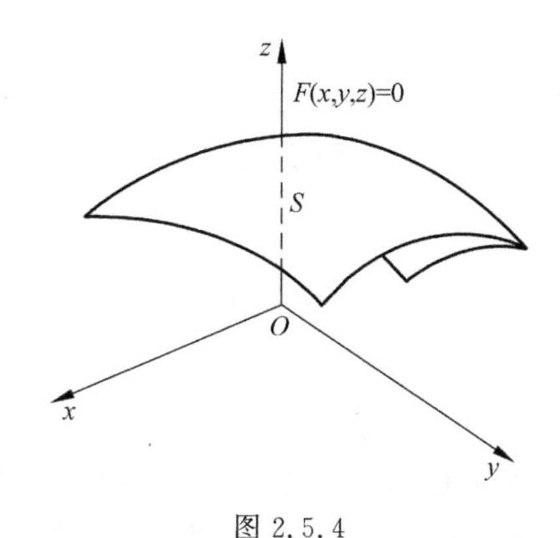

图 2.5.4

【例 2.5.2】 一动点 $M(x,y,z)$ 与两定点 $A(1,2,3)$ 和 $B(2,-1,4)$ 的距离相等,求此动点的轨迹方程。

解:根据已知条件 $|MA|=|MB|$,由两点间距离公式,得

$$\sqrt{(x-1)^2+(y-2)^2+(z-3)^2} = \sqrt{(x-2)^2+(y+1)^2+(z-4)^2}$$

化简得

$$2x-6y+2z-7=0$$

显然,在此平面上的点的坐标都满足此方程,不在此平面上的点的坐标不满足此方程。可见,该动点轨迹为线段 AB 的垂直平分面,如图 2.5.5 所示。

【例 2.5.3】 建立球心在点 $M_0(x_0,y_0,z_0)$,半径为 R 的球面方程。

解:设 $M(x,y,z)$ 为球面上任一点,则 $|M_0M|=R$,即

$$(x-x_0)^2+(y-y_0)^2+(z-z_0)^2=R^2$$

特别地,若球心在坐标原点,则球面方程为

$$x^2+y^2+z^2=R^2$$

如图 2.5.6 所示。

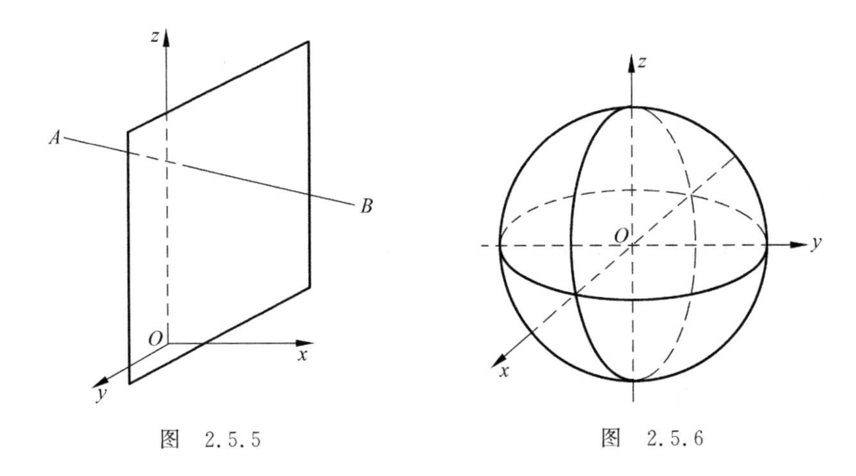

图 2.5.5　　　　图 2.5.6

由此还可得到上半球面的方程为

$$z = \sqrt{R^2 - x^2 - y^2}$$

下半球面的方程为

$$z = -\sqrt{R^2 - x^2 - y^2}$$

4. 几种常见曲面方程

(1) 柱面

设 c 是某坐标平面内一条曲线,过 c 上的每一点作该坐标面的垂线,这些垂线所形成的曲面叫做柱面。c 称为柱面的准线,这些垂线称为柱面的母线。

如图 2.5.7 所示的柱面称为圆柱面,这是因为在 xOy 面上,其准线 c 的方程为

$$x^2 + y^2 = R^2$$

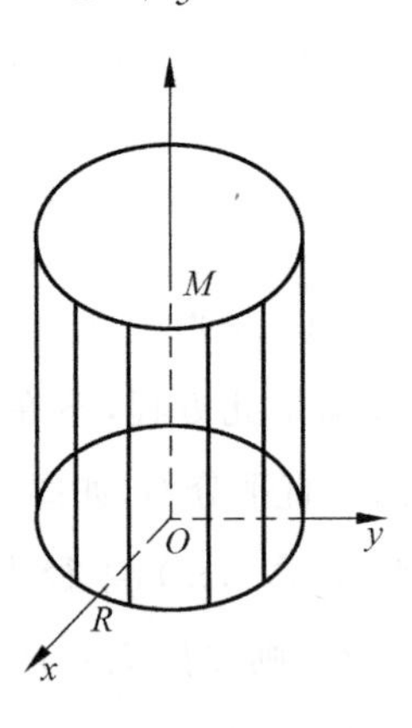

图 2.5.7

其实,设 $M(x,y,z)$是柱面上的任一点,过点 M 的母线与 xOy 面的交点一定在准线 c 上,所以不论点 M 的竖坐标 z 如何,它的横坐标 x 和纵坐标 y 都满足方程 $x^2+y^2=R^2$,因此圆柱面方程为

$$x^2 + y^2 = R^2$$

一般地，如果柱面的准线是 xOy 面上的曲线 c（ $F(x,y)=0$）那么以 c 为准线、母线垂直于 xOy 面（或平行于 z 轴）的柱面方程就是 $F(x,y)=0$。

类似地，方程 $F(y,z)=0$ 表示以 yOz 面上的曲线 $F(y,z)=0$ 为准线，母线垂直于 yOz 面（或平行于 x 轴）的柱面。

方程 $F(x,z)=0$ 表示以 xOz 面上的曲线 $F(x,z)=0$ 为准线，母线垂直于 xOz 面（或平行于 y 轴）的柱面。

【例 2.5.4】 柱面方程 $y^2=2x$ 和 $\frac{x^2}{a^2}-\frac{y^2}{b^2}=1$ 各表示什么曲面？

解：由柱面方程的特点可知，方程 $y^2=2x$ 表示以 xOy 面上的抛物线 $y^2=2x$ 为准线形成的抛物柱面，如图 2.5.8 所示。

方程 $\frac{x^2}{a^2}-\frac{y^2}{b^2}=1$ 表示以 xOy 面上的双曲线 $\frac{x^2}{a^2}-\frac{y^2}{b^2}=1$ 为准线形成的双曲柱面，如图 2.5.9 所示。

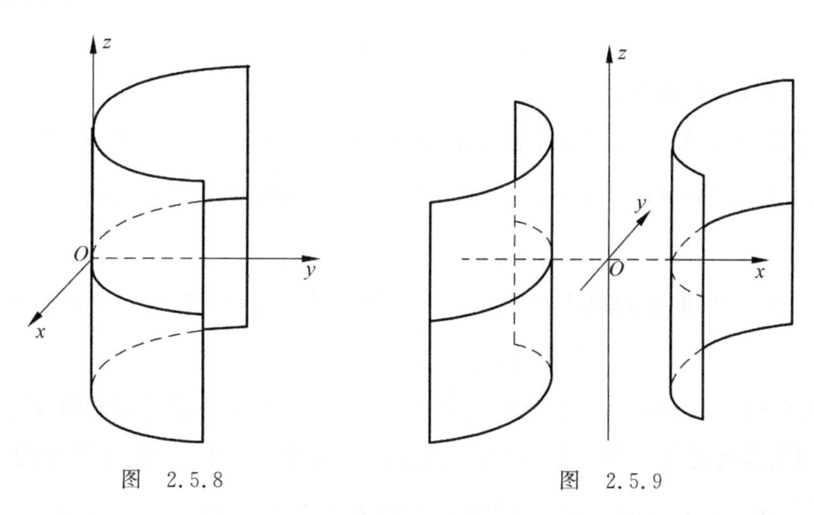

图　2.5.8　　　　图　2.5.9

(2) 旋转曲面

由一平面曲线 c 绕同一平面内的定直线 l 旋转所形成的空间曲面称为旋转曲面，这条直线 l 叫做该旋转曲面的旋转轴，曲线 c 叫做该旋转曲面的母线。

现在求以 z 轴为旋转轴，以 yOz 坐标面上曲线 c（ $f(y,z)=0$）为母线的旋转曲面方程。

如图 2.5.10 所示，设 $M(x,y,z)$ 为旋转曲面上任意一点，它是母线 c 上的某个点 $M_1(x_1,y_1,z_1)$ 绕 z 轴旋转一定角度而得到的，这时 $z=z_1$ 保持不变。且点 M 到 z 轴的距离 $d=\sqrt{x^2+y^2}$ 也等于 M_1 到 z 轴的距离 $|y_1|$，即 $\sqrt{x^2+y^2}=|y_1|$，因此有

$$\begin{cases} z_1=z \\ y_1=\pm\sqrt{x^2+y^2} \end{cases}$$

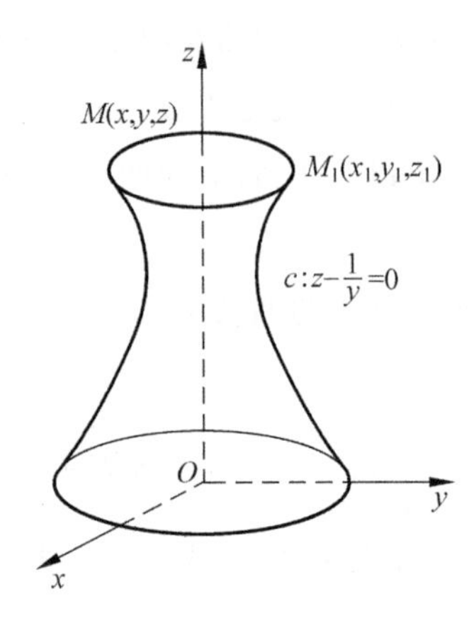

图 2.5.10

因为 M_1 为 yOz 坐标面上的曲线 $c(f(y,z)=0)$ 上的一点，所以有 $f(y_1,z_1)=0$ 从而

$$f(\pm\sqrt{x^2+y^2},z)=0$$

这就是所求的旋转曲面方程。

也就是说，在已知 yOz 坐标平面上的曲线 c 的方程 $f(y,z)=0$ 中，只需将 y 改写成 $\pm\sqrt{x^2+y^2}$，即可得到以 $c(f(y,z)=0)$ 为母线、z 轴为旋转轴的旋转曲面方程

$$f(\pm\sqrt{x^2+y^2},z)=0$$

同理，yOz 坐标面上的曲线 $c(f(y,z)=0)$ 绕 y 轴旋转形成的旋转曲面方程为

$$f(y,\pm\sqrt{x^2+z^2})=0$$

【例 2.5.5】 求 yOz 面上的抛物线 $y^2=2pz(p>0)$ 绕 z 轴旋转而成的旋转抛物面。

解：因为曲线是绕 z 轴旋转，所以母线中的 z 不变动，而将母线方程中的 y 改写成 $\pm\sqrt{x^2+y^2}$，即 $x^2+y^2=2pz$ 就是所求的旋转抛物面方程，如图 2.5.11 所示。

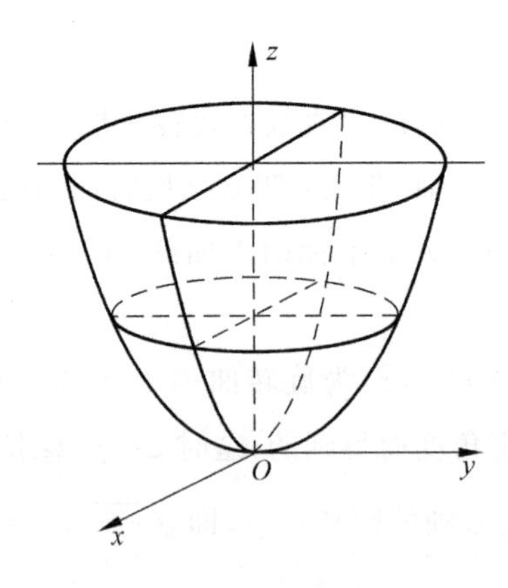

图 2.5.11

(3) 椭球面

如图 2.5.12 所示的空间曲面叫做椭球面,其方程为

$$\frac{x^2}{a^2}+\frac{y^2}{b^2}+\frac{z^2}{c^2}=1$$

其特点是,用一系列平行于坐标面的平面(称为截面)去截椭球面,其交线是一系列平行于坐标平面的椭圆,而且椭圆离坐标平面越远,它的两轴就越短,最后缩为一点。

(4) 椭圆抛物线

如图 2.5.13 所示的空间曲面称为椭圆抛物面,其方程为

$$z=\frac{x^2}{2p}+\frac{y^2}{2q}$$

其特点是,若用一系列平行于坐标面 xOy 的平面去截椭球面,则其交线是一系列平行于坐标平面 xOy 的椭圆,椭圆离 xOy 面越近,它的两轴就越短,最后缩成为一点,即坐标原点 $O(0,0,0)$;若用一系列平行于坐标面 yOz 或 zOx 的平面去截椭球面,则其交线是一系列平行于相应坐标平面的抛物线,而且当 $p=q$ 时,即为旋转抛物面。

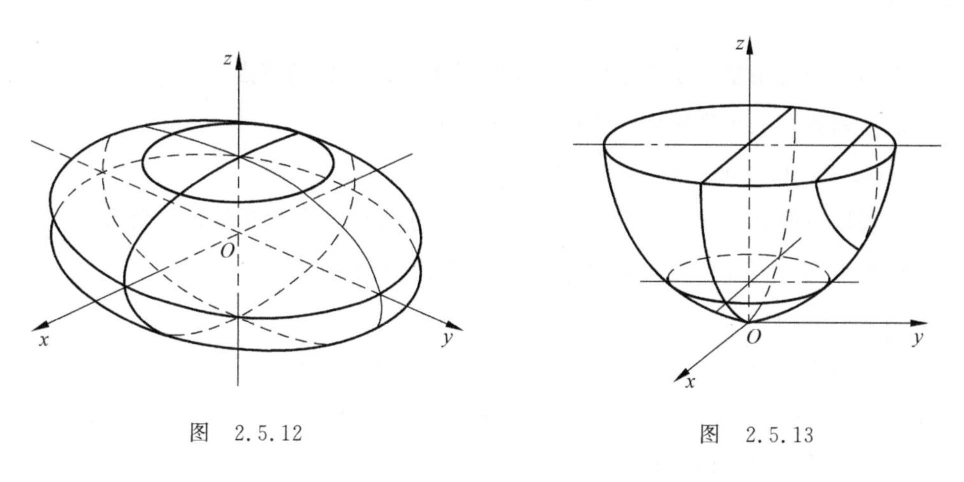

图　2.5.12　　　图　2.5.13

【例 2.5.6】 试建立顶点在原点,旋转轴为 z 轴,半顶角为 α 的圆锥面方程。

解:如图 2.5.14 所示,yOz 平面上直线 l 的方程为 $z=y\tan\left(\frac{\pi}{2}-\alpha\right)=y\cot\alpha$,此直线绕 z 轴旋转时产生旋转曲面,此曲面是一个圆锥面。根据旋转曲面产生的原理,因为直线是绕 z 轴旋转,所以母线中的 z 不变动,而将母线方程中的 y 改写成 $\pm\sqrt{x^2+y^2}$,所以圆锥面方程为

$$z=\pm\sqrt{x^2+y^2}\cot\alpha$$

令 $a=\cot\alpha$,等式两边平方得

$$z^2=a^2(x^2+y^2)$$

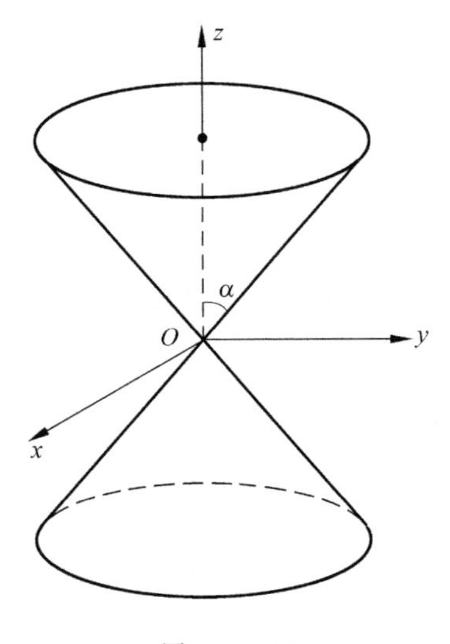

图 2.5.14

习题 2.5

1. 指出空间直角坐标系中坐标面和坐标轴上点的坐标的特点。

2. 求下列各点关于坐标面和坐标轴的对称点。

(1) $A(1,2,1)$；　(2) $B(2,-1,2)$；　(3) $C(-1,2,-1)$

3. 证明以 $A(4,5,3)$，$B(1,7,4)$，$C(2,4,6)$为顶点的三角形是等边三角形。

4. 说明下列方程在空间中表示的图形，并画出草图。

(1) $x^2+y^2=9$　　(2) $z^2=4y$

(3) $x^2+4y^2+16z^2=16$　　(4) $x^2+y^2-4z=0$

(5) $x^2-y^2+z^2=0$　　(6) $x^2+y^2-8x+4y+11=0$

5. 求下列旋转曲面的方程。

(1) $z^2=4y$，绕 y 轴旋转　　(2) $z=3y$，绕 z 轴旋转

(3) $3x^2+2y^2=6$，绕 y 轴旋转　　(4) $2x^2-3y^2=12$，绕 x 轴旋转

6. 说明下列方程所表示的曲线。

(1) $\begin{cases} x^2+y^2+z^2=16 \\ y=2 \end{cases}$　　(2) $\begin{cases} \dfrac{x^2}{4}+\dfrac{y^2}{9}=z \\ z=4 \end{cases}$

(3) $\begin{cases} x^2+y^2-z^2=0 \\ x+1=0 \end{cases}$　　(4) $\begin{cases} x^2-y^2-z^2=1 \\ y=3 \end{cases}$

第3章　导数与微分

导数与微分是微分学的两个基本概念，是描述事物运动和变化的重要工具。其中导数反映出函数相对于自变量变化的程度，即函数的变化率；微分则是指当自变量有微小变化时，函数值大体上变化了多少。本章主要介绍函数的极限、导数与微分的概念、求导法则与公式、函数的极值、曲率等。

3.1　函数的极限

1. 极限的概念

函数极限的概念与求解某些实际问题的精确值有关，它研究的是在自变量的某个变化过程中，函数值的变化趋势。比如，函数

$$f(x) = \frac{1}{x}$$

当自变量 x 无限接近于3时，$f(x)$ 无限接近于一个确定的常数 $\frac{1}{3}$。

又如，函数

$$f(x) = x^2 + 3$$

当自变量 x 无限接近于2时，$f(x)$ 无限接近于一个确定的常数7。

当然，也存在这样的函数 $f(x)$，当 x 无限接近于某个常数时，函数值不会无限接近于某一个确定的常数。比如，函数

$$f(x) = \frac{1}{x-1}$$

当自变量 x 无限接近于1时，$f(x)$ 不会无限接近于某一个确定的常数。

又如，函数

$$f(n) = (-1)^n$$

当自变量 n 以取正整数的方式1，2，3，…无限增大时，$f(n)$ 的值总是取1或-1，它也不是无限接近某一个确定的常数。

根据上述不同情况，可以对函数的变化趋势做如下归纳。

定义3.1.1　设函数 $y=f(x)$ 在点 $x=a$ 附近有定义，如果在自变量 x 无限接近于 a 的过程中，函数 $y=f(x)$ 的值也无限接近于某一个确定的常数 b，则称常数 b 为函数

$f(x)$在这种状态下的极限，记做

$$\lim_{x \to a} y = \lim_{x \to a} f(x) = b \quad 或 \quad f(x) \to b(当\ x \to a\ 时)$$

此时也说，当x无限接近于a时，$f(x)$的极限是b。或者说，当x无限接近于a时，$f(x)$收敛于b。反之，就说函数$f(x)$在这种状态下的极限不存在。

根据上述定义，前面几个例子就可以写成：

$$\lim_{x \to 3} f(x) = \lim_{x \to 3} \frac{1}{x} = \frac{1}{3}$$

$$\lim_{x \to 2} f(x) = \lim_{x \to 2} (x^2 + 3) = 7$$

$$\lim_{x \to 1} f(x) = \lim_{x \to 1} \frac{1}{x-1} \text{不存在}$$

在这个定义中，需要注意如下两点：

① $x \to a$ 表示x无限接近于a，其实也意味着$x \neq a$。

② $\lim\limits_{x \to a} f(x)$是否存在，与函数$f(x)$在点$x=a$处有没有定义（或意义）无关。比如，函数

$$f(x) = \frac{x^2 - 1}{x - 1}$$

在$x=1$处无意义（因为此时分母为0），但是

$$\lim_{x \to 1} \frac{x^2 - 1}{x - 1} = \lim_{x \to 1} \frac{x+1}{1} = 2$$

也就是说，函数$f(x)$在$x=1$处存在极限，并且等于2。

对于简单函数来说，函数的极限可以通过直接观察函数的变化趋势而得到。

【例 3.1.1】 求下列极限。

（1）$\lim\limits_{x \to 1}(5x+1)$　　（2）$\lim\limits_{x \to 2}(2x^2+1)$　　（3）$\lim\limits_{x \to 5}\ln x$

解：从函数的图像可以看出（请读者自己画出函数的图像）

（1）$\lim\limits_{x \to 1}(5x+1)=6$

（2）$\lim\limits_{x \to 2}(2x^2+1)=9$

（3）$\lim\limits_{x \to 5}\ln x=\ln 5$

细心的读者会发现，在求上述极限时，其实就是把$x=1,2,5$直接代入到函数之中求出相应的函数值，这是因为它们在其定义域内的图像是一条连续不断的曲线。

【例 3.1.2】 求下列极限。

（1）$\lim\limits_{x \to 0} e^{x+2}$　　（2）$\lim\limits_{x \to -1}(3x^2+x+1)$

解：将 $x=0,-1$ 直接代入函数之中，得

(1) $\lim\limits_{x\to 0} e^{x+2}=e^2$

(2) $\lim\limits_{x\to -1}(3x^2+x+1)=3$

2. 极限的运算法则

利用极限定义的直观性只能计算一些简单函数的极限，而实际问题中的函数要复杂得多。为此，需要建立下面的极限运算法则。

法则 3.1.1　设 $\lim\limits_{x\to a}f(x)$、$\lim\limits_{x\to a}g(x)$ 都存在，则下述关系成立

① 函数之和与差的极限

$$\lim_{x\to a}[f(x)\pm g(x)]=\lim_{x\to a}f(x)\pm\lim_{x\to a}g(x)$$

② 函数之积的极限

$$\lim_{x\to a}[f(x)\cdot g(x)]=\lim_{x\to a}[f(x)]\cdot\lim_{x\to a}[g(x)]$$

③ 函数之商的极限

$$\lim_{x\to a}\frac{f(x)}{g(x)}=\frac{\lim\limits_{x\to a}f(x)}{\lim\limits_{x\to a}g(x)}\text{（此处要求分母}\lim_{x\to a}g(x)\neq 0\text{）}$$

【例 3.1.3】　求极限 $\lim\limits_{x\to 2}\dfrac{3x+5}{x\ln x}$。

解：因为分子、分母的极限都存在，且均不为 0，可以运用法则计算，所以

$$\lim_{x\to 2}\frac{3x+5}{x\ln x}=\frac{\lim\limits_{x\to 2}(3x+5)}{\lim\limits_{x\to 2}x\ln x}=\frac{\lim\limits_{x\to 2}3x+\lim\limits_{x\to 2}5}{\lim\limits_{x\to 2}x\cdot\lim\limits_{x\to 2}\ln x}$$

$$=\frac{3\lim\limits_{x\to 2}x+5}{\lim\limits_{x\to 2}x\cdot\lim\limits_{x\to 2}\ln x}=\frac{3\times 2+5}{2\times\ln 2}=\frac{11}{2\times\ln 2}$$

【例 3.1.4】　求极限 $\lim\limits_{x\to -3}\dfrac{x(x^2-9)}{x+3}$。

解：当 $x\to -3$ 时，分子分母的极限都为 0，所以不能直接用法则来计算。当 $x\to -3$ 时意味着 $x\neq -3$，因而 $x+3\neq 0$，故可以从分子、分母中同时约去 $(x+3)$ 这个因式，得

$$\lim_{x\to -3}\frac{x(x^2-9)}{x+3}=\lim_{x\to -3}\frac{x(x-3)(x+3)}{x+3}$$

$$=\lim_{x\to -3}\frac{x(x-3)}{1}=18$$

【例 3.1.5】　求极限 $\lim\limits_{\Delta x\to 0}\dfrac{\sqrt{x+\Delta x}-\sqrt{x}}{\Delta x}$。

解：这里的自变量是 Δx 而不是 x，而 x 在这里可以看成是常量，当时 $\Delta x\to 0$，分子与分母的极限均为 0，可先利用分子有理化改变函数的结构，然后再求极限。

$$\lim_{\Delta x\to 0}\frac{\sqrt{x+\Delta x}-\sqrt{x}}{\Delta x}=\lim_{\Delta x\to 0}\frac{x+\Delta x-x}{\Delta x(\sqrt{x+\Delta x}+\sqrt{x})}$$

$$= \lim_{\Delta x \to 0} \frac{1}{\sqrt{x+\Delta x}+\sqrt{x}}$$

$$= \frac{1}{2\sqrt{x}}$$

【例 3.1.6】 求极限$\lim\limits_{x \to 1}\left(\frac{1}{x-1}-\frac{2}{x^2-1}\right)$。

解：当 $x \to 1$ 时，两个分式的分母的极限都为 0，所以不能直接代入，也不能直接用法则来计算。

$$\lim_{x \to 1}\left(\frac{1}{x-1}-\frac{2}{x^2-1}\right)=\lim_{x \to 1}\left(\frac{x+1}{x^2-1}-\frac{2}{x^2-1}\right)$$

$$= \lim_{x \to 1}\frac{x-1}{x^2-1}$$

$$= \lim_{x \to 1}\frac{1}{x+1}$$

$$= \frac{1}{2}$$

【例 3.1.7】 求极限 $\lim\limits_{x \to -3}\frac{x^2-x-12}{x^2+2x-3}$。

解：观察发现，这个极限不能直接将 $x=-3$ 代入计算。

$$\lim_{x \to -3}\frac{x^2-x-12}{x^2+2x-3}=\lim_{x \to -3}\frac{(x+3)(x-4)}{(x+3)(x-1)}$$

$$= \lim_{x \to -3}\frac{x-4}{x-1}=\frac{7}{4}$$

习题 3.1

1. 求下列函数的极限。

(1) $\lim\limits_{x \to -1}(x^2+3x+2)$ (2) $\lim\limits_{x \to 2}\sqrt{3x+4}$

(3) $\lim\limits_{x \to 2}(3x^2+7x-10)$ (4) $\lim\limits_{x \to 4}\sqrt{8+\sqrt{x+12}}$

(5) $\lim\limits_{x \to 0}\sin\left(2x+\frac{\pi}{3}\right)$ (6) $\lim\limits_{x \to 1}\ln(x^2+3x)$

2. 求下列函数的极限。

(1) $\lim\limits_{x \to -1}\frac{x^2+3x+2}{x^2+3}$ (2) $\lim\limits_{x \to 2}\frac{x^2-x-2}{x^2-4}$

(3) $\lim\limits_{x \to 1}\frac{\sqrt{5x-4}-\sqrt{x}}{x-1}$ (4) $\lim\limits_{x \to 3}\frac{\sqrt{x+1}-2}{\sqrt{x-1}-\sqrt{2}}$

(5) $\lim\limits_{x \to 2}\left(\frac{4}{x^2-4}+\frac{1}{2-x}\right)$ (6) $\lim\limits_{x \to 0}(1-e^{-x+1})$

3.2　导数与微分

1. 导数的概念

在工程问题中，不仅需要研究变量的绝对变化，还要研究变量之间的相对变化，即变化率。比如，假设在电路闭合后的一段时间 t 秒内，通过导线横截面的电量为 q 库仑，这时 q 是 t 的一个函数，即

$$q = q(t)$$

那么从时刻 t_0 到 $t_0+\Delta t$ 的这段时间内，流过导线横截面的电量为

$$\Delta q = q(t_0+\Delta t) - q(t_0)$$

如果电流是恒定(直流)的，那么在同一时间内流过导线横截面的电量都相等，此时单位时间内流过导线横截面的电量$\frac{\Delta q}{\Delta t}$就是一个常数，称为电流强度。

如果电流是不恒定的，那么$\frac{\Delta q}{\Delta t}$称为在 Δt 时间内的平均电流强度，即

$$\frac{\Delta q}{\Delta t} = \frac{q(t_0+\Delta t) - q(t_0)}{\Delta t}$$

当 $\Delta t \to 0$ 时，上述的平均电流强度就会变为在 t_0 时刻的电流强度，记为 $i(t_0)$。即

$$i(t_0) = \lim_{\Delta t\to 0}\frac{\Delta q}{\Delta t} = \lim_{\Delta t\to 0}\frac{q(t_0+\Delta t) - q(t_0)}{\Delta t}$$

定义 3.2.1　假设 $y=f(x)$在点 $x=a$ 附近有定义，如图 3.2.1 所示。当自变量 x 从 $x=a$ 变化到 $x=a+\Delta x$ 时，自变量 x 的增量就为 Δx，而函数值就从 $y=f(a)$变化到 $y=f(a+\Delta x)$，于是函数的增量为

$$\Delta y = f(a+\Delta x) - f(a)$$

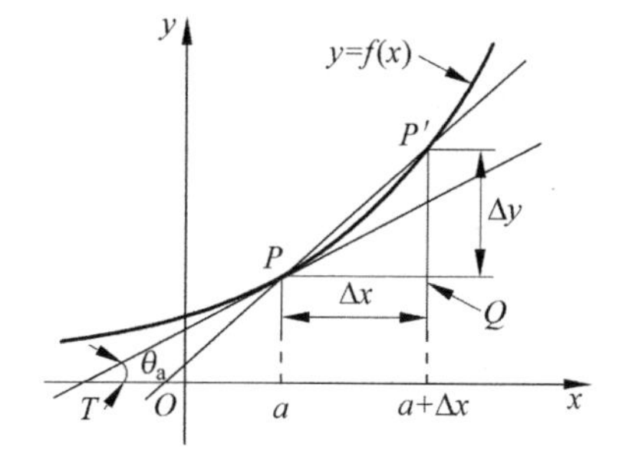

图　3.2.1

我们把式子

$$\left.\frac{\Delta y}{\Delta x}\right|_{x=a} = \frac{f(a+\Delta x) - f(a)}{\Delta x}$$

称为函数 $f(x)$在闭区间$[a,a+\Delta x]$上的平均变化率。

【例 3.2.1】 求函数 $f(x)=x^2$ 在闭区间$[2,7]$上的平均变化率。

解：

$$\begin{aligned}\Delta x &= 7-2=5\\ \Delta y &= f(7)-f(2)\\ &=49-4\\ &=45\end{aligned}$$

所以

$$\begin{aligned}\frac{\Delta y}{\Delta x} &= \frac{f(a+\Delta x)-f(a)}{\Delta x}\\ &=\frac{45}{5}\\ &=9\end{aligned}$$

定义 3.2.2 当自变量 x 的增量 Δx 无限趋近于零时，如果极限

$$\lim_{\Delta x\to 0}\frac{\Delta y}{\Delta x}\bigg|_{x=a}=\lim_{\Delta x\to 0}\frac{f(a+\Delta x)-f(a)}{\Delta x} \tag{3.2.1}$$

存在确定的值(包括 0)，则称函数 $f(x)$在 $x=a$ 处可导，且把此极限值称为函数 $f(x)$在 $x=a$ 处的导数(或瞬时变化率)。记为

$$y'\big|_{x=a},\quad f'(a),\quad \frac{\mathrm{d}y}{\mathrm{d}x}\bigg|_{x=a},\quad \frac{\mathrm{d}f(x)}{\mathrm{d}x}\bigg|_{x=a}$$

当式(3.2.1)的极限值不存在(或为无限，或者不唯一)时，则称函数 $y=f(x)$在 $x=a$ 处不可导，此时 $y=f(x)$在 $x=a$ 处没有导数。

【例 3.2.2】 设 $f(x)=x^2$，求函数 $f(x)$在(1) $x=2$；(2) $x=a$；(3) $x=-1$ 处的导数。

解：由式(3.2.1)得

(1) $$\begin{aligned}f'(2)&=\lim_{\Delta x\to 0}\frac{f(2+\Delta x)-f(2)}{\Delta x}\\ &=\lim_{\Delta x\to 0}\frac{(2+\Delta x)^2-2^2}{\Delta x}\\ &=\lim_{\Delta x\to 0}\frac{4\Delta x+\Delta x^2}{\Delta x}\\ &=\lim_{\Delta x\to 0}(4+\Delta x)=4\end{aligned}$$

(2) $$\begin{aligned}f'(a)&=\lim_{\Delta x\to 0}\frac{f(a+\Delta x)-f(a)}{\Delta x}\\ &=\lim_{\Delta x\to 0}\frac{(a+\Delta x)^2-a^2}{\Delta x}\end{aligned}$$

$$=\lim_{\Delta x\to 0}\frac{a^2+2a\Delta x+\Delta x^2-a^2}{\Delta x}$$

$$=\lim_{\Delta x\to 0}(2a+\Delta x)=2a$$

(3) 令 $a=-1$ 代入(2)的结论之中,得

$$f'(-1)=-2$$

从上例可以看出,一个函数在某个点 a 处的导数会随着 a 的变化而变化。

一般地,在式(3.2.1)中,我们令 $x=x$,则可得到一个新的函数。这个函数就称为函数 $y=f(x)$ 的导函数,表示为

$$f'(x)=\lim_{\Delta x\to 0}\frac{f(x+\Delta x)-f(x)}{\Delta x}\tag{3.2.2}$$

也可记为 y',$\frac{\mathrm{d}y}{\mathrm{d}x}$,或$\frac{\mathrm{d}f(x)}{\mathrm{d}x}$。

这里给出了导数的 4 个表示符号,它们在不同场合各有自己的便利之处。

在电路理论中,电现象都归结为电荷的运动。电荷的运动引起电流,电荷的分离引起电压。正如前面所讨论的,电流是电荷流动的速率,是单位时间的电荷流量,表示为电荷量对时间的导数,即

$$i=\frac{\mathrm{d}q}{\mathrm{d}t}$$

其中,i 是电流(单位为安[培]A),q 是电荷量(单位为库[仑]C),t 是时间(单位为秒 s)。尽管电流是由离散运动的电子组成的,但是没有必要单独考虑电子的运动,因为电子的数量太大,因此 i 被视为连续的量。

电压则是由分离引起的单位电荷的能量,它可以表示为能量对电荷的导数,即

$$v=\frac{\mathrm{d}W}{\mathrm{d}q}$$

式中,v 是电压(单位为伏[特]V),W 是能量(单位为焦[尔]J),q 是电荷量(单位为库[仑]C)。

功率则是释放或吸收的能量对时间的导数。即

$$P=\frac{\mathrm{d}W}{\mathrm{d}t}$$

式中,P 是功率(单位为瓦 W),W 是能量(单位为焦[尔]J),t 是时间(单位为秒 s)。

这些概念都是通过简单的导数建立起来的,但电路分析中的许多演算就是从它们开始的。

【例 3.2.3】 求下列函数的导函数。

(1) $y=x^3$　　(2) $y=\frac{1}{x}$　　(3) $y=\sqrt{x}$

解：由式(3.2.2)得

(1) $$\frac{dy}{dx}=\lim_{\Delta x\to 0}\frac{(x+\Delta x)^3-x^3}{\Delta x}$$

$$=\lim_{\Delta x\to 0}\frac{x^3+3x^2\Delta x+3x(\Delta x)^2+\Delta x^3-x^3}{\Delta x}$$

$$=\lim_{\Delta x\to 0}[3x^2+3x\Delta x+(\Delta x)^2]$$

$$=3x^2$$

$$=3x^{3-1}$$

(2) $$\frac{dy}{dx}=\lim_{\Delta x\to 0}\frac{\frac{1}{(x+\Delta x)}-\frac{1}{x}}{\Delta x}$$

$$=\lim_{\Delta x\to 0}\frac{1}{\Delta x}\cdot\frac{x-(x+\Delta x)}{(x+\Delta x)x}$$

$$=\lim_{\Delta x\to 0}\frac{-1}{(x+\Delta x)x}$$

$$=-\frac{1}{x^2}$$

$$=-x^{-2}$$

$$=-1x^{-1-1}$$

(3) $$\frac{dy}{dx}=\lim_{\Delta x\to 0}\frac{\sqrt{x+\Delta x}-\sqrt{x}}{\Delta x}$$

$$=\lim_{\Delta x\to 0}\frac{\sqrt{x+\Delta x}-\sqrt{x}}{\Delta x}\cdot\frac{\sqrt{x+\Delta x}+\sqrt{x}}{\sqrt{x+\Delta x}+\sqrt{x}}$$

$$=\lim_{\Delta x\to 0}\frac{(\sqrt{x+\Delta x})^2-(\sqrt{x})^2}{\Delta x(\sqrt{x+\Delta x}+\sqrt{x})}$$

$$=\lim_{\Delta x\to 0}\frac{1}{\sqrt{x+\Delta x}+\sqrt{x}}=\frac{1}{2\sqrt{x}}$$

$$=\frac{1}{2}x^{-\frac{1}{2}}=\frac{1}{2}x^{\frac{1}{2}-1}$$

从本题的几个例子，可以归纳得到如下公式：

$$(x^n)'=nx^{n-1} \text{ 或} \frac{d}{dx}(x^n)$$
$$=nx^{n-1}$$

式中，n 是整数或有理数。

【例 3.2.4】 假设一物体处于运动状态，试证明：(1)在 t 时刻的瞬时速度是行进距离 x 对时间 t 的导数；(2)在 t 时刻的瞬时加速度 a 是速度 v 对时间 t 的导数，并绘出其导数关系图。

证明：(1) 如图 3.2.2 所示，设某物体从原点出发行进的距离 x 由时间 t 的函数 $x=x(t)$ 表示，在 t 和 $t+\Delta t$ 之间的平均速度 $\bar{v}$ 为

$$\begin{aligned}\bar{v}&=\frac{x(t+\Delta t)-x(t)}{\Delta t}\\&=\frac{\Delta x}{\Delta t}\end{aligned}$$

令 $\Delta t\to0$，对上式取极限，对时间 t 的瞬时速度 v 就表示为

$$\begin{aligned}v&=\lim_{\Delta t\to0}\frac{\Delta x}{\Delta t}\\&=\frac{\mathrm{d}x}{\mathrm{d}t}\end{aligned}$$

(2) 如图 3.2.3 所示，假设运动着的物体在 t 时刻的速度为 $v=v(t)$，那么它在 t 和 $t+\Delta t$ 之间的平均加速度 $\bar{a}$ 为

$$\begin{aligned}\bar{a}&=\frac{v(t+\Delta t)-v(t)}{\Delta t}\\&=\frac{\Delta v}{\Delta t}\end{aligned}$$

在上式中令 $\Delta t\to0$，对上式取极限，对于 t 的瞬时加速度 a 为

$$\begin{aligned}a&=\lim_{\Delta t\to0}\frac{\Delta v}{\Delta t}\\&=\frac{\mathrm{d}v}{\mathrm{d}t}\end{aligned}$$

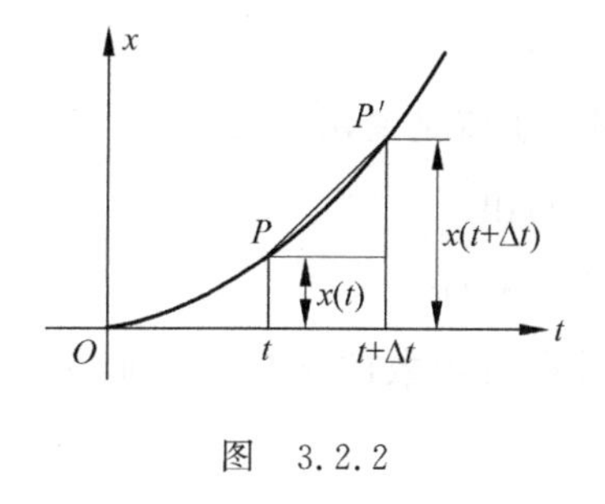

图　3.2.2

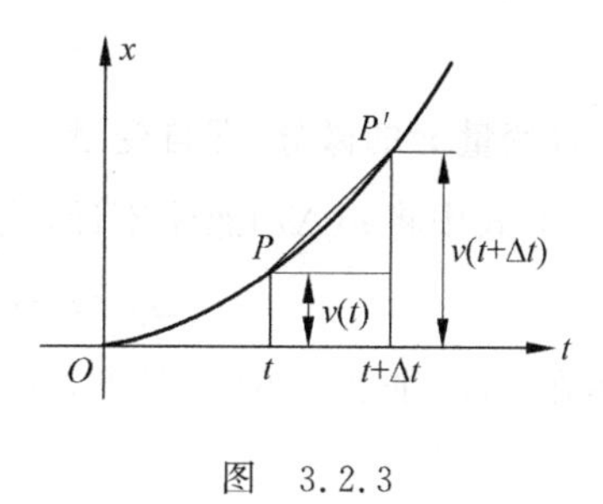

图　3.2.3

2. 微分的概念

在许多实际问题中，经常会遇到这样的一类问题，对于给定的函数 $y=f(x)$，当自变量 x 发生很微小的改变 Δx 时，要计算相应函数的改变量 Δy。但在一般情况下，用 Δx 表示 Δy 的关系式会比较复杂，我们希望找到一个计算 Δy 的近似公式，使得计算既简便而且有较好的精确度。

这里先看一个具体的例子。如图 3.2.4 所示，有一块密度均匀的边长为 x 的正方形钢板，因受热后均匀地膨胀，其边长均匀地增加了 Δx，问正方形钢板的面积大约增加了

多少？这个问题很容易解决。

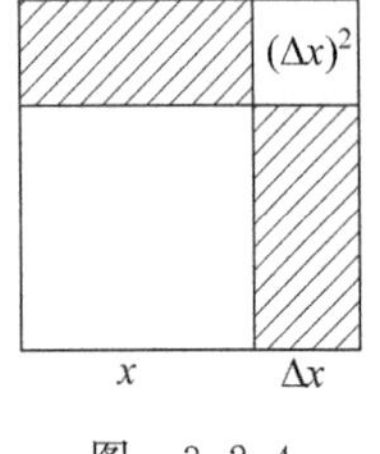

图 3.2.4

设正方形钢板的面积为 $S=x^2$，面积的改变量为 ΔS，则

$$\begin{aligned}\Delta S &= (x+\Delta x)^2 - x^2 \\ &= 2x\Delta x + (\Delta x)^2\end{aligned}$$

从上式可看出，ΔS 分成了两部分之和：第一部分为 $2x\Delta x$，第二部分是$(\Delta x)^2$。如果$|\Delta x|$很小时，$(\Delta x)^2$ 部分可以忽略不计，面积的改变量 ΔS 可以近似地用 $2x\Delta x$ 来代替，也就是说，$2x\Delta x$ 是 ΔS 的一个很好的近似。在数学中通常把 $2x\Delta x$ 称为函数 $S=x^2$ 的微分。为此，给出如下的定义

定义 3.2.3 如果函数 $y=f(x)$在点 x 处的改变量

$$\Delta y = f(x+\Delta x) - f(x)$$

可以表示为

$$\Delta y = A \cdot \Delta x + o(\Delta x) \tag{3.2.3}$$

式中，A 与 Δx 无关，$o(\Delta x)$是比 Δx 小得多的量，则称 $A \cdot \Delta x$ 为函数 $y=f(x)$在点 x 处的微分。记为 $\mathrm{d}y$，即

$$\mathrm{d}y = A \cdot \Delta x$$

这时也称函数 $y=f(x)$在点 x 处可微。

可以证明(此处略)，上式中的 A 恰好就是函数 $y=f(x)$在点 x 处的导数，即

$$A = f'(x)$$

于是函数的微分就表示为

$$\mathrm{d}y = f'(x)\mathrm{d}x \tag{3.2.4}$$

式中，$\mathrm{d}x$ 是自变量 x 的微分，即自变量 x 的增量。也就是说，$\mathrm{d}x=\Delta x$。

在(3.2.3)式中将 $o(\Delta x)$忽略不计，我们可以写出

$$\Delta y \approx \mathrm{d}y = f'(x) \cdot \mathrm{d}x$$

这表明在$|\Delta x|$非常小的情况下，函数的增量与函数的微分是近似相等的。进一步地，

$$f(x_0+\Delta x) \approx f(x_0) + f'(x_0) \cdot \Delta x \tag{3.2.5}$$

这个式子在近似计算中有重要作用。

【例 3.2.5】 求函数 $f(x)=x^2$ 当 $x=4$，$\Delta x=0.01$ 时的增量与微分 $\mathrm{d}y$。

解：函数增量

$$\begin{aligned}\Delta y &= f(x+\Delta x) - f(x) \\ &= (4+0.01)^2 - 4^2 \\ &= 0.0801\end{aligned}$$

因为 $f'(x)=2x$，根据微分的定义，得

$$dy = 2x dx$$

即

$$dy\Big|_{\substack{x=4\\ \Delta x=0.01}} = 2\times 4\times 0.01 = 0.08$$

此时显然有 $\Delta y \approx dy$。

【例 3.2.6】 有一半径为 10cm 的球，问当其半径增加 0.01cm 时，球的体积大约增加多少？

解：半径为 R 的球体积为

$$V = \frac{4}{3}\pi R^3$$

当自变量 R 在点 $R_0 = 10$ 取得增量 $\Delta R = 0.01$ 时，球的体积增量大约为

$$\begin{aligned}\Delta V \approx dV\Big|_{\substack{R_0=10\\ \Delta R=0.01}} &= \left[\frac{4}{3}\pi R^3\right]'\Delta R\Big|_{\substack{R_0=10\\ \Delta R=0.01}}\\ &= 4\pi R^2\Delta R\Big|_{\substack{R_0=10\\ \Delta R=0.01}}\\ &\approx 4\times 3.14\times 10^2\times 0.01\\ &= 12.56(\mathrm{cm}^3)\end{aligned}$$

根据微分的定义，微分可以从导数转化而来。即在 $y=f(x)$ 的导数

$$\frac{dy}{dx} = f'(x)$$

两边同时乘以 dx，得函数的微分

$$dy = f'(x)dx$$

【例 3.2.7】 求下列函数的微分 $f(x)$。

(1) $y=3x^2$　　　　(2) $y=\sqrt{x}$

解：(1) $dy = d(3x^2)$

$$= [3x^2]'dx$$

$$= 6x dx$$

(2) $dy = d(\sqrt{x})$

$$= [\sqrt{x}]'dx$$

$$= \frac{1}{2\sqrt{x}}dx$$

【例 3.2.8】 求 $\sqrt{0.97}$ 的近似值。

解：因为 $\sqrt{0.97}$ 是函数 $f(x)=\sqrt{x}$ 在 $x=0.97$ 处的值，所以令

$$x_0 = 1,\quad x = x_0 + \Delta x = 0.97$$

即 $\Delta x=-0.03$，于是由(3.2.5)得到

$$\begin{aligned}\sqrt{0.97}&\approx\sqrt{1}+[\sqrt{x}]'|_{x=1}\cdot(-0.03)\\&=1+\frac{1}{2}\times(-0.03)\\&=0.985\end{aligned}$$

从形式上看，微分是把导数改写成了另一种形式，但它们的含义却是不同的。对我们来说重要的是，在有了微分概念之后，就可以把导数$\frac{dy}{dx}$看做是函数的微分 dy 与自变量的微分 dx 的商，把导数$\frac{dy}{dx}$作为一个分式来处理，这给求导和积分运算带来了很多便利。

习题 3.2

1. 求 $f(x)=4\ln x$ 在区间$[2,6]$上的平均变化率。

2. 求当 $x=3$，$\Delta x=0.01$ 时函数 $f(x)=4x^2$ 的增量和平均变化率。

3. 设 $f(x)=x^3$，利用导数的定义求 $f(x)$在下列点处的导数。

(1) $x=0$　　(2) $x=a$　　(3) $x=1$

4. 已知自由落体运动规律是 $s=\frac{1}{2}gt^2$，求自由落体运动在 $t=t_0$ 时刻的即时速度。

5. 已知 $f(x)=\cos x$，求 $f'\left(\frac{\pi}{2}\right)$，$f'\left(-\frac{2\pi}{3}\right)$，$f'\left(\frac{5\pi}{4}\right)$。

6. 求 $f(x)=x^4$ 当 $x=2$，$\Delta x=0.01$ 时的微分。

7. 求下列函数的微分。

(1) $y=6x^4$　　(2) $y=10x^{\frac{3}{5}}$　　(3) $y=3x^{-5}$

8. 当底面半径为 14cm 的圆锥的高从 7cm 变为 7.1cm 时，求此圆锥体积改变量的近似值。

9. 已知某球的半径从 5cm 变为 5.2cm 时，求此球表面积改变量的近似值。

10. 求 $\sqrt[3]{5.01}$的近似值。

11. 在计算球的体积时，如果要求体积的相对误差不超过 1%，那么测量直径时的相对误差不能超过多少？

3.3 求导法则

对于一般函数而言，根据导数定义求它的导数会非常困难。本节介绍的求导法则是比较有效的求导手段。

1. 两个函数和或差的导数

若 $y=f(x)\pm g(x)$，则

$$\begin{aligned}\frac{dy}{dx}&=\frac{d}{dx}[f(x)\pm g(x)]\\&=f'(x)\pm g'(x)\end{aligned}$$

或者简写成

$$[f(x)\pm g(x)]'=f'(x)\pm g'(x)$$

这个法则可以推广到有限个的情形。

2. 函数之积的导数

(1) 若 $y=f(x)\cdot g(x)$，则

$$\begin{aligned}\frac{dy}{dx}&=\frac{d}{dx}[f(x)\cdot g(x)]\\&=f'(x)\cdot g(x)+f(x)\cdot g'(x)\end{aligned}$$

(2) 若 $y=f_1(x)f_2(x)\cdots f_n(x)$，则

$$\begin{aligned}\frac{dy}{dx}=&f'_1(x)f_2(x)\cdots f_n(x)+f_1(x)f'_2(x)\cdots f_n(x)\\&+\cdots+f_1(x)f_2(x)\cdots f'_n(x)\end{aligned}$$

3. 常数与函数之积的导数

若 $y=K\cdot f(x)$，K 为常数，则

$$\begin{aligned}\frac{dy}{dx}&=\frac{d}{dx}[K\cdot f(x)]\\&=K\cdot f'(x)\end{aligned}$$

也就是说，常数可以提到求导运算的外面。

4. 两个函数之商的导数

若 $y=\frac{f(x)}{g(x)}$，则

$$\begin{aligned}\frac{dy}{dx}&=\frac{d}{dx}\left[\frac{f(x)}{g(x)}\right]\\&=\frac{f'(x)\cdot g(x)-f(x)\cdot g'(x)}{g^2(x)}\end{aligned}$$

5. 复合函数的导数

(1) 若 $y=f(u)$，$u=g(x)$，则

$$\begin{aligned}\frac{dy}{dx}&=\frac{dy}{du}\cdot\frac{du}{dx}\\&=f'(u)\cdot g'(x)\end{aligned}$$

(2) 若 $y=f(u)$,$u=g(v)$,$v=h(x)$,则

$$\frac{dy}{dx}=\frac{dy}{du}\cdot\frac{du}{dv}\cdot\frac{dv}{dx}$$
$$=f'(u)\cdot g'(v)\cdot h'(x)$$

这个法则在电路分析中经常用到,比如

$$p=\frac{dw}{dt}$$
$$=\frac{dw}{dq}\cdot\frac{dq}{dt}$$
$$=v\cdot i$$

其意义是:基本电路元件的功率 p 等于流过元件的电流 i 与元件上的电压 v 的乘积。

6. 反函数的导数

设函数 $y=f(x)$的反函数为 $x=g(y)$,则

$$\frac{dy}{dx}=f'(x)$$
$$=1/\frac{dx}{dy}$$
$$=\frac{1}{g'(y)}$$

7. 参数方程的导数

如果 $x=f(t)$,$y=g(t)$,也就是说,函数 x 和函数 y 都是参变量 t 的函数,则

$$\frac{dy}{dx}=\frac{dy}{dt}\Big/\frac{dx}{dt}$$
$$=\frac{g'(t)}{f'(t)}$$

上述求导法则可以根据导数的定义加以证明,此处略。

【例 3.3.1】 求下列函数的导数。

(1) $y=x^2-\sqrt{x}$

(2) $y=(x+1)(x^3+x+2)$

(3) $y=5x^2+\dfrac{3}{x}$

(4) $y=\dfrac{x^2+2}{x+1}$

(5) $y=\dfrac{4}{3x^2+2}$

(6) $y=(x^2+2)^2$

解:由求导公式$\dfrac{d}{dx}(x^m)=mx^{m-1}$,及求导法则,得

(1) 令 $f(x)=x^2$,$g(x)=\sqrt{x}$,则

$$\frac{dy}{dx}=f'(x)-g'(x)$$

$$= \frac{dx^2}{dx} - \frac{d\sqrt{x}}{dx}$$

$$= 2x^{2-1} - \frac{1}{2}x^{\frac{1}{2}-1}$$

$$= 2x - \frac{1}{2}x^{-\frac{1}{2}}$$

$$= 2x - \frac{1}{2\sqrt{x}}$$

(2) 令 $f(x)=x+1, g(x)=x^3+x+2$，则

$$f'(x) = 1, \quad g'(x) = 3x^2 + 1$$

其中$\frac{d}{dx}(1) = \frac{d}{dx}(2)=0$，所以

$$\begin{aligned}\frac{dy}{dx} &= f'(x)g(x) + f(x)\,g'(x) \\ &= 1 \times (x^3 + x + 2) + (x+1)(3x^2+1) \\ &= x^3 + x + 2 + 3x^3 + 3x^2 + x + 1 \\ &= 4x^3 + 3x^2 + 2x + 3\end{aligned}$$

(3) $\frac{dy}{dx} = \frac{d}{dx}\left(5x^2 + \frac{3}{x}\right)$

$$= \frac{d}{dx}(5x^2) + \frac{d}{dx}\left(\frac{3}{x}\right)$$

$$= 5\frac{d}{dx}(x^2) + 3\frac{d}{dx}\left(\frac{1}{x}\right)$$

$$= 5 \times 2x + 3 \times (-x^{-1-1})$$

$$= 10x - \frac{3}{x^2}$$

(4) 令 $f(x)=x^2+2, g(x)=x+1$，则 $f'(x)=2x, g'(x)=1$，所以

$$\begin{aligned}\frac{dy}{dx} &= \frac{f'(x)g(x) - f(x)\,g'(x)}{[g(x)]^2} \\ &= \frac{2x(x+1) - (x^2+2)\cdot 1}{(x+1)^2} \\ &= \frac{2x^2 + 2x - x^2 - 2}{(x+1)^2} \\ &= \frac{x^2 + 2x - 2}{(x+1)^2}\end{aligned}$$

(5) 令 $K=4, f(x)=3x^2+2$，则 $f'(x)=3\cdot 2x=6x$，所以

$$\frac{dy}{dx} = -\frac{Kf'(x)}{[f(x)]^2}$$

$$=-\frac{4\cdot 6x}{(3x^2+2)^2}$$

$$=-\frac{24x}{(3x^2+2)^2}$$

(6) 令 $u=x^2+2$,则 $y=u^2$,也就是说,原来的函数可以看作为由 $y=u^2$,$u=x^2+2$ 复合而成。所以

$$\begin{aligned}\frac{\mathrm{d}y}{\mathrm{d}x}&=\frac{\mathrm{d}y}{\mathrm{d}u}\cdot\frac{\mathrm{d}u}{\mathrm{d}x}\\&=\frac{\mathrm{d}u^2}{\mathrm{d}u}\cdot\frac{\mathrm{d}(x^2+2)}{\mathrm{d}x}\\&=2u^{2-1}\cdot(2x^{2-1}+0)\\&=2(x^2+2)\cdot 2x\\&=4x(x^2+2)\end{aligned}$$

【例 3.3.2】 向湖中水面投一石子,形成圆形波往外扩散。如果此圆的半径以 40cm/s 的速度向外扩散,求半径达到 2m 时,圆面积的扩张速度。

解:设在时刻 t 圆的半径和面积分别用 $r(t)$ 和 $A(t)$ 表示,它们都是时间的函数,而 $A(t)$ 又是 $r(t)$ 的函数:

$$A(t)=\pi r^2(t)$$

上式两边对求 t 导数,得

$$A'(t)=2\pi r(t)r'(t)$$

将已知数据代入上式,得

$$\begin{aligned}A'(t)&=2\times 3.14\times 200\times 40\\&\approx 50240\\&\approx 5\mathrm{m}^2/\mathrm{s}\end{aligned}$$

习题 3.3

1. 求下列函数的导数。

(1) $y=4x^3-\sqrt[3]{x}$　　(2) $y=5x^{-2}-\frac{3}{x}$

(3) $y=(x^3-3)(x^2+x)$　　(4) $y=\frac{6x^2}{1-x}$

(5) $y=\frac{-7}{x^2+2}$　　(6) $y=\frac{1}{(x^2+2)^2}$

2. 求由下列参数方程所确定的函数的导数$\frac{\mathrm{d}y}{\mathrm{d}x}$。

(1) $\begin{cases} x=a\cos t \\ y=b\sin t \end{cases}(0\leqslant t\leqslant 2\pi)$　　(2) $\begin{cases} x=at+b \\ y=\dfrac{1}{2}at^2 \end{cases}$

3. 求曲线$\begin{cases} x=\sin\theta \\ y=\cos 2\theta \end{cases}$上对应于$\theta=\dfrac{\pi}{4}$点处的切线方程和法线方程。

4. 求曲线 $y=x^3-3x^2+2$ 上点(1,0)处的切线方程和法线方程。

5. 一个人在广场上放风筝,当风速为 15m/min,放出的线长 60m 时,风筝离手的高度为 30m。问如果要保持这个高度,放线的速度应该是多少?

3.4 基本求导公式

利用导数的定义可以求一些简单函数的导数,比如常数函数、幂函数、三角函数、反三角函数、指数函数、对数函数等,它们是求导运算的基础。在此,列出这些函数的求导公式,便于读者记忆与运用。

1. 常数函数的导数

若 $y=f(x)=K$(常数),则

$$\frac{\mathrm{d}y}{\mathrm{d}x}=f'(x)=0 \quad \text{(也就是说,常数的导数等于 0)}$$

证明:

$$\begin{aligned}\frac{\mathrm{d}y}{\mathrm{d}x}&=\lim_{\Delta x\to 0}\frac{f(x+\Delta x)-f(x)}{\Delta x}\\&=\lim_{\Delta x\to 0}\frac{K-K}{\Delta x}\\&=\lim_{\Delta x\to 0}\frac{0}{\Delta x}=0\end{aligned}$$

2. 幂函数 $y=x^m$ 的导数

$$\frac{\mathrm{d}}{\mathrm{d}x}(x^m)=mx^{m-1}\text{,其中 } m \text{ 为实常数}$$

3. 三角函数的导数

$$\frac{\mathrm{d}}{\mathrm{d}x}(\sin x)=\cos x$$

$$\frac{\mathrm{d}}{\mathrm{d}x}(\cos x)=-\sin x$$

$$\frac{\mathrm{d}}{\mathrm{d}x}(\tan x)=\sec^2 x$$

上述公式可以根据导数的定义加以证明。进一步地，利用复合函数的求导法则与上述公式，可得

$$\frac{\mathrm{d}}{\mathrm{d}x}(\sin ax) = a \cdot \cos ax$$

$$\frac{\mathrm{d}}{\mathrm{d}x}(\cos ax) = -a \cdot \sin ax$$

$$\frac{\mathrm{d}}{\mathrm{d}x}(\tan ax) = a \cdot \sec^2 ax$$

上述 3 个式子中的 a 为常数。

比如，令 $y=\sin u, u=ax$，则

$$\frac{\mathrm{d}y}{\mathrm{d}u} = \cos u, \quad \frac{\mathrm{d}u}{\mathrm{d}x} = a$$

所以

$$\begin{aligned}\frac{\mathrm{d}y}{\mathrm{d}x} &= \frac{\mathrm{d}y}{\mathrm{d}u} \cdot \frac{\mathrm{d}u}{\mathrm{d}x} \\ &= \cos u \cdot a \\ &= a \cdot \cos ax\end{aligned}$$

4. 反三角函数的导数

$$\frac{\mathrm{d}}{\mathrm{d}x}(\arcsin x) = \frac{1}{\sqrt{1-x^2}}$$

$$\frac{\mathrm{d}}{\mathrm{d}x}(\arccos x) = -\frac{1}{\sqrt{1-x^2}}$$

$$\frac{\mathrm{d}}{\mathrm{d}x}(\arctan x) = \frac{1}{1+x^2}$$

比如，若 $y=\arctan x$，则 $x=\tan y$，根据反函数的求导法则，得

$$\begin{aligned}\frac{\mathrm{d}y}{\mathrm{d}x} &= (\arctan x)' \\ &= \frac{1}{\mathrm{d}x/\mathrm{d}y} \\ &= \frac{1}{(\tan y)'} \\ &= \frac{1}{\sec^2 y} \\ &= \frac{1}{1+\tan^2 y} \\ &= \frac{1}{1+x^2}\end{aligned}$$

5. 对数函数的导数

$$\frac{\mathrm{d}}{\mathrm{d}x}(\ln x)=\frac{1}{x}\qquad \frac{\mathrm{d}}{\mathrm{d}x}(\log_a x)=\frac{1}{x\ln a}$$

6. 指数函数的导数

$$\frac{\mathrm{d}}{\mathrm{d}x}(\mathrm{e}^x)=\mathrm{e}^x$$

$$\frac{\mathrm{d}}{\mathrm{d}x}(a^x)=a^x\cdot\ln a,\text{其中 } a>0,a\neq 1$$

【例 3.4.1】 求下列函数的导数。

(1) $y=6x^5+\frac{4}{x^3}+2x^{\frac{5}{2}}$　　(2) $y=\ln(x^2+1)$

(3) $x=a\cos\theta,y=a\sin\theta$　　(4) $y=(x^2+1)^3(x+2)^2$

解：

(1) $$\frac{\mathrm{d}y}{\mathrm{d}x}=6\frac{\mathrm{d}}{\mathrm{d}x}(x^5)+4\frac{\mathrm{d}}{\mathrm{d}x}(x^{-3})+2\frac{\mathrm{d}}{\mathrm{d}x}(x^{\frac{5}{2}})$$

$$=6\times5x^{5-1}+4\times(-3)x^{-3-1}+2\times\frac{5}{2}x^{\frac{5}{2}-1}$$

$$=30x^4-\frac{12}{x^4}+5x^{\frac{3}{2}}$$

(2) 令 $y=f(u)=\ln u,u=g(x)=x^2+1$，由复合函数的求导法则，得

$$\frac{\mathrm{d}y}{\mathrm{d}x}=\frac{\mathrm{d}f(u)}{\mathrm{d}u}\cdot\frac{\mathrm{d}g(x)}{\mathrm{d}x}$$

$$=\frac{1}{u}\cdot2x$$

$$=\frac{2x}{x^2+1}$$

(3) 根据参数方程的求导法则，得

$$\frac{\mathrm{d}y}{\mathrm{d}x}=\frac{\mathrm{d}y}{\mathrm{d}\theta}\Big/\frac{\mathrm{d}x}{\mathrm{d}\theta}$$

$$=a\cos\theta/(-a\sin\theta)$$

$$=-\frac{x}{y}$$

(4) 令 $f(x)=u^3,u=x^2+1,g(x)=v^2,v=x+2$，则 $y=f(x)g(x)$

所以

$$\frac{\mathrm{d}y}{\mathrm{d}x}=f'(x)g(x)+f(x)g'(x)$$

$$=\frac{\mathrm{d}u^3}{\mathrm{d}x}\cdot v^2+u^3\cdot\frac{\mathrm{d}v^2}{\mathrm{d}x}$$

$$= \frac{du^3}{du} \cdot \frac{du}{dx} \cdot v^2 + u^3 \cdot \frac{dv^2}{dv} \cdot \frac{dv}{dx}$$
$$= 3u^2 \cdot 2xv^2 + u^3 \cdot 2v \cdot 1$$
$$= 6(x^2+1)^2 x (x+2)^2 + 2(x^2+1)^3(x+2)$$
$$= 2(x^2+1)^2(x+2)[3x(x+2)+x^2+1]$$
$$= 2(x^2+1)^2(x+2)(4x^2+6x+1)$$

另一种方法：

对函数 $y=(x^2+1)^3(x+2)^2$ 的两边取对数，得

$$\ln y = 3\ln(x^2+1) + 2\ln(x+2)$$

则

$$\frac{1}{y} \cdot y' = 3\frac{(x^2+1)'}{x^2+1} + 2\frac{(x+2)'}{x+2}$$
$$= \frac{3 \times 2x}{x^2+1} + \frac{2 \times 1}{x+2}$$

所以

$$y' = y \cdot \left(\frac{6x}{x^2+1} + \frac{2}{x+2}\right)$$
$$= (x^2+1)^3(x+2)^2\left(\frac{6x}{x^2+1} + \frac{2}{x+2}\right)$$
$$= 6(x^2+1)^2(x+2)^2 x + 2(x^2+1)^3(x+2)$$
$$= 2(x^2+1)^2(x+2)(4x^2+6x+1)$$

上述方法称为对数求导法。

【例 3.4.2】 求下列函数关于 t 的导数。

(1) $u=\sin(\omega t+\varphi)$　　(2) $u=\sin^2\omega t$

(3) $u=e^{at}$　　(4) $u=e^{at}\sin\omega t$

解：(1) 令 $u=\sin v, v=\omega t+\varphi$，由复合函数的求导法则，有

$$\frac{du}{dt} = \frac{du}{dv} \cdot \frac{dv}{dt}$$
$$= \frac{d}{dv}(\sin v) \cdot \frac{d}{dt}(\omega t+\varphi)$$
$$= \omega\cos(\omega t+\varphi)$$

(2) 令 $u=v^2, v=\sin\omega t$，由复合函数的求导法则，有

$$\frac{du}{dt} = \frac{du}{dv} \cdot \frac{dv}{dt}$$
$$= \frac{d}{dv}(v^2) \cdot \frac{d}{dt}(\sin\omega t)$$

$$= 2v \cdot \omega\cos\omega t$$
$$= 2\omega\sin\omega t\cos\omega t$$
$$= \omega\sin 2\omega t$$

（3）令 $u=\mathrm{e}^{v}$，$v=at$，由复合函数的求导法则，得

$$\frac{\mathrm{d}u}{\mathrm{d}t} = \frac{\mathrm{d}u}{\mathrm{d}v}\cdot\frac{\mathrm{d}v}{\mathrm{d}t}$$
$$= \frac{\mathrm{d}}{\mathrm{d}v}(\mathrm{e}^{v})\cdot\frac{\mathrm{d}}{\mathrm{d}t}(at)$$
$$= \mathrm{e}^{v}\cdot a = a\,\mathrm{e}^{at}$$

（4）根据两个函数之积的导数法则，得

$$\frac{\mathrm{d}(\mathrm{e}^{at}\sin\omega t)}{\mathrm{d}t} = (\mathrm{e}^{at})'\sin\omega t + \mathrm{e}^{at}(\sin\omega t)'$$
$$= a\,\mathrm{e}^{at}\sin\omega t + \omega\,\mathrm{e}^{at}\cos\omega t$$
$$= \sqrt{a^2+\omega^2}(\mathrm{e}^{at})\left(\frac{a}{\sqrt{a^2+\omega^2}}\cdot\sin\omega t + \frac{\omega}{\sqrt{a^2+\omega^2}}\cdot\cos\omega t\right)$$
$$= \sqrt{a^2+\omega^2}\,\mathrm{e}^{at}(\cos\varphi\sin\omega t + \sin\varphi\cos\omega t)$$
$$= \sqrt{a^2+\omega^2}\,\mathrm{e}^{at}\sin(\omega t+\varphi)$$

其中，$\varphi = arc\tan\dfrac{\omega}{a}$。

根据本节的求导公式和第 3.2 节的式子(3.2.4)，容易写出下面的微分公式：

$$\mathrm{d}(ax+b) = a\mathrm{d}x\text{（其中 } a,b \text{ 是常数）}$$
$$\mathrm{d}(\sin x) = \cos x\mathrm{d}x$$
$$\mathrm{d}(\cos x) = -\sin x\mathrm{d}x$$
$$\mathrm{d}(\ln x) = \frac{1}{x}\mathrm{d}x$$
$$\mathrm{d}(\mathrm{e}^{x}) = \mathrm{e}^{x}\mathrm{d}x$$

这些公式将在 4.3 节的不定积分方法中经常用到。

习题 3.4

1. 求下列函数的导数。

（1）$y=4x^3+x^2-2x$　　（2）$y=x^3\,\mathrm{e}^{-2x}$

（3）$y=x\sin x$　　（4）$y=x^5\ln x$

（5）$y=\arcsin(5x-1)$　　（6）$y=\ln(\mathrm{e}^{x}+\mathrm{e}^{-x})$

2. 求下列函数的导数。

（1）$y=\sqrt{a^2-x^2}$　　（2）$y=\cos(x^2+a^2)$

(3) $y=e^{-x^2}$

(4) $y=e^x\ln(3x^2)$

(5) $y=\dfrac{x(x+3)}{(x+1)(x-4)}$

(6) $y=\sqrt{\dfrac{x^2-1}{x^2+1}}$

3. 已知 $y=f(5-x)$，求$\dfrac{dy}{dx}$，$y'(0)$。

4. 已知 $y=f(-\sin x)$，求 $y'\left(\dfrac{\pi}{4}\right)$。

3.5 高阶导数

一般地，函数 $y=f(x)$的导数 $f'(x)$仍然是 x 的函数，对它还可以继续求导数。也就是，对 $f'(x)$再求一次导数，此时称其为函数 $y=f(x)$的二阶导数，用式子表示就是

$$\begin{aligned} y'' &= \frac{d}{dx}(y') \\ &= \frac{d}{dx}\left(\frac{dy}{dx}\right) \\ &= \frac{d^2y}{dx^2} = f''(x) \\ &= \lim_{\Delta x\to 0}\frac{\Delta y'}{\Delta x} \\ &= \lim_{\Delta x\to 0}\frac{f'(x+\Delta x)-f'(x)}{\Delta x} \end{aligned}$$

类似地，二阶导数的导数称为三阶导数。同理，可以依次求四阶，…，n 阶的导数。n 阶导数可以表示为

$$\begin{aligned} y^{(n)} &= f^{(n)}(x) \\ &= \frac{d^ny}{dx^n} \\ &= \frac{d}{dx}(y^{(n-1)}) \end{aligned}$$

一般地，把二阶以上的导数称为高阶导数。

下面求几个简单函数的高阶导数

(1) x 的幂函数：$f(x)=x^n$ 其中 $n=1,2,3,\cdots$

$$\begin{aligned} f'(x) &= nx^{n-1} \\ f''(x) &= n(n-1)x^{n-1-1} \\ &= n(n-1)x^{n-2} \\ f'''(x) &= n(n-1)(n-2)x^{n-2-1} \\ &= n(n-1)(n-2)x^{n-3} \end{aligned}$$

$$\cdots$$

$$f^{(n)}(x)=n(n-1)(n-2)\cdots\times 2\times 1$$

$$f^{(n+1)}(x)=f^{(n+2)}(x)=\cdots=0$$

（2）三角函数

$$\begin{aligned}
f(x)&=\sin x\\
f'(x)&=\cos x\\
&=\sin\left(x+\frac{\pi}{2}\right)\\
f''(x)&=-\sin x\\
&=\cos\left(x+\frac{\pi}{2}\right)\\
&=\sin\left(x+\frac{2\pi}{2}\right)\\
f'''(x)&=-\cos x\\
&=\cos(x+\pi)\\
&=\sin\left(x+\frac{3\pi}{2}\right)\\
f^{(4)}(x)&=\sin x\\
&=\sin(x+2\pi)\\
&=\sin\left(x+\frac{4\pi}{2}\right)\\
&\cdots\\
f^{(n)}(x)&=\sin\left(x+\frac{n\pi}{2}\right)
\end{aligned}$$

类似地，有

$$\begin{aligned}
f(x)&=\cos x\\
f'(x)&=-\sin x\\
&=\cos\left(x+\frac{\pi}{2}\right)\\
f''(x)&=-\cos x\\
&=\cos(x+\pi)\\
&=\cos\left(x+\frac{2\pi}{2}\right)\\
f'''(x)&=\sin x\\
&=-\cos\left(x+\frac{\pi}{2}\right)
\end{aligned}$$

$$= \cos\left(x + \frac{3\pi}{2}\right)$$

$$f^{(4)}(x) = \cos x$$

$$= \cos(x + 2\pi)$$

$$= \cos\left(x + \frac{4\pi}{2}\right)$$

$$\cdots$$

$$f^{(n)}(x) = \cos\left(x + \frac{n\pi}{2}\right)$$

（3）对数函数

$$f(x) = \ln(1 + x)$$

$$f'(x) = \frac{1}{1 + x} = (1 + x)^{-1}$$

$$= (-1)^{1-1} \times (1 - 1)! \times (1 + x)^{-1}$$

$$f''(x) = (-1)^{1-1} \times (1 - 1)! \times (-1) \times (1 + x)^{-1-1}$$

$$= (-1)^{2-1}(2 - 1)!(1 + x)^{-2}$$

$$f'''(x) = (-1)^{2-1} \times (2 - 1)! \times (-2) \times (1 + x)^{-2-1}$$

$$= (-1)^{3-1} \times (3 - 1)! \times (1 + x)^{-3}$$

$$\cdots$$

$$f^{(n)}(x) = (-1)^{n-1}(n - 1)!(1 + x)^{-n}$$

（4）指数函数

$$f(x) = e^x, f'(x) = e^x, f''(x) = e^x, \cdots, f^{(n)}(x) = e^x$$

这就是说，函数 $f(x)=e^x$ 的任意阶导数都是它本身。

习题 3.5

1. 求下列函数的二阶导数。

（1）$y=\sin^2 x$　　（2）$y=\ln x^2$

（3）$y=2x^2+x\ln x$　　（4）$y=e^{3x-1}$

（5）$y=e^x \sin x$　　（6）$y=x\cos x$

2. 求下列函数的 n 阶导数。

（1）$y=\dfrac{1}{x}$　　（2）$y=a^x$　　（3）$y=x^n e^x$

3. 设 $f(x)=\dfrac{1}{1-x}$，求 $f^{(n)}(0)$。

3.6　函数的单调性与极值

函数的极值(或最值)在工程问题中有广泛的应用,如求最大电流、最大电功率等。下面从讨论函数的单调性入手,给出求函数极值的方法。

定义 3.6.1　假设函数 $y=f(x)$ 定义在区间 (a,b) 内,当 x 不断增加时,函数 $y=f(x)$ 的值也不断增加,就称 $f(x)$ 在这个区间上是单调增加函数。

如图 3.6.1 所示,如果在 (a,b) 内有 $f'(x)>0$,则 $y=f(x)$ 在区间 (a,b) 上单调增加。

假设函数 $y=f(x)$ 定义在区间 (a,b) 内,随着 x 的不断增加,函数 $y=f(x)$ 的值不断减少,就称函数 $f(x)$ 在这个区间上是单调减少函数。

如图 3.6.2 所示,如果在 (a,b) 内有 $f'(x)<0$,则 $y=f(x)$ 在区间 (a,b) 上单调减少。

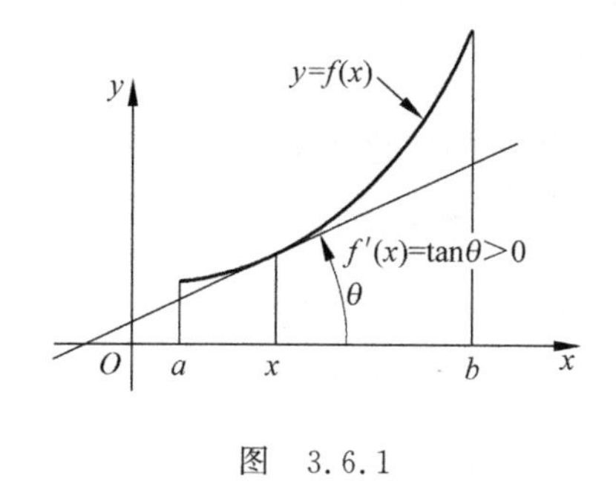

图　3.6.1

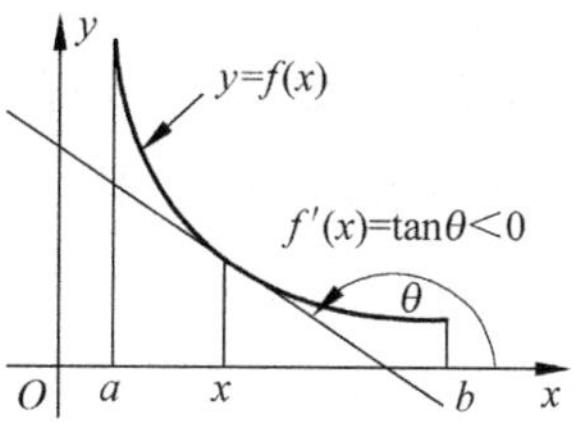

图　3.6.2

比如,对于 $f(x)=e^x$ 来说,因为

$$f'(x)=e^x>0$$

所以,$f(x)=e^x$ 在其定义域 $(-\infty,+\infty)$ 上是单调增函数。

又如,对于 $f(x)=\frac{1}{x}$ 来说,因为

$$f'(x)=-\frac{1}{x^2}<0$$

所以,$f(x)=\frac{1}{x}$ 在其定义域 $(-\infty,0)\cup(0,+\infty)$ 上是单调减函数。

另外,如果

$$f'(x)\big|_{x=a}=f'(a)=0$$

则说函数 $f(x)$ 在 $x=a$ 既不增加也不减少,此时 $f(x)$ 处于停滞状态,而 $x=a$ 称为函数 $f(x)$ 的驻点。

【例 3.6.2】　求函数 $y=e^x-x-1$ 的单调区间。

解：函数 y 的定义域为$(-\infty,+\infty)$，

$$y' = e^x - 1$$

令 $y'=0$，得 $x=0$

列表如下，其中"↘"表示单调下降，"↗"表示单调上升。

x	$(-\infty,0)$	0	$(0,+\infty)$
y'	$-$	0	$+$
y	↘	0	↗

由上表可知，在$(-\infty,0)$上，$y'<0$，所以 y 在区间$(-\infty,0)$上单调减小；在$(0,+\infty)$上，$y'>0$，所以 y 在区间$(0,+\infty)$上单调增大。

定义 3.6.2 设函数 $y=f(x)$在点 $x=a$ 的附近区域内有定义，如果对该区域内的任何点 $x(x\neq a)$恒有 $f(x)<f(a)$(或 $f(x)>f(a)$)，则称 $f(a)$为函数 $f(x)$的极大值(或极小值)，而点 $x=a$ 称为函数的极大值点(或极小值点)。函数的极大值和极小值统称为函数极值。

下面，我们考察函数 $y=f(x)$在某点 $x=a$ 附近的变化状态。

如图 3.6.3 所示，当 $x<a$ 时，$f'(x)>0$，$f(x)$是增大的；当 $f'(a)=0$ 时，在 $x=a$ 点处于停滞状态；而当 $x>a$ 时，$f'(x)<0$，$f(x)$是减小的。于是，函数 $f(x)$在点 $x=a$ 处有极大值 $f(a)$。也就是说，当 $f'(a)=0$ 时，在点 $x=a$ 附近，如果 $f'(x)$的符号由正(+)变负(−)，那么函数 $f(x)$在驻点 $x=a$ 处取极大值。

其次，如图 3.6.4 所示，在点 $x=a$ 的附近，当 $x<a$ 时，$f'(x)<0$，$f(x)$是减小的。而 $f'(a)=0$；当 $x>a$ 时，$f'(x)>0$，$f(x)$是增大的。于是，函数 $f(x)$在点 $x=a$ 处有极小值 $f(a)$。也就是，当 $f'(a)=0$ 时，在点 $x=a$ 附近 $f'(x)$的符号由负(−)变正(+)，那么函数 $f(x)$在驻点 $x=a$ 处取极小值。

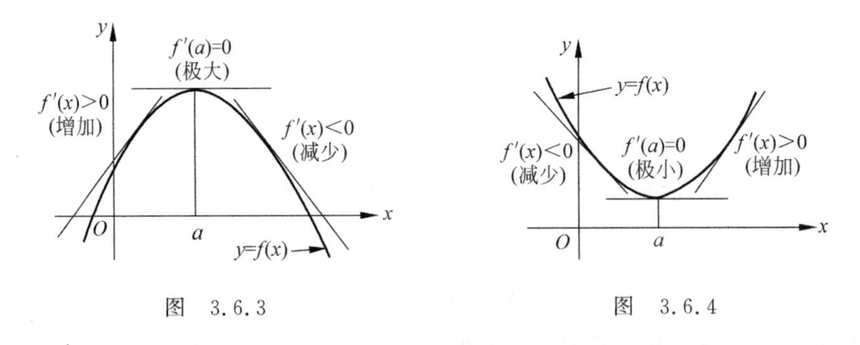

图 3.6.3　　　图 3.6.4

注意，极大值和极小值是函数在 $x=a$ 附近区域内获得的，它描述的是 $f(x)$在 $x=a$ 附近的局部状态。

当然，也可能会出现这样的情况。当 $f'(a)=0$ 时，而对于点 a 附近的 x 来说，总是有 $f'(x)>0$，也就是说，$f(x)$ 在 $x=a$ 的左右两侧都是单调增大的，如图 3.6.5 所示。或者相反，总是有 $f'(x)<0$，此时 $f(x)$ 在 $x=a$ 的左右两侧都是单调减小的。这时我们把点 $(a,f(a))$ 称为函数 $f(x)$ 的拐点。

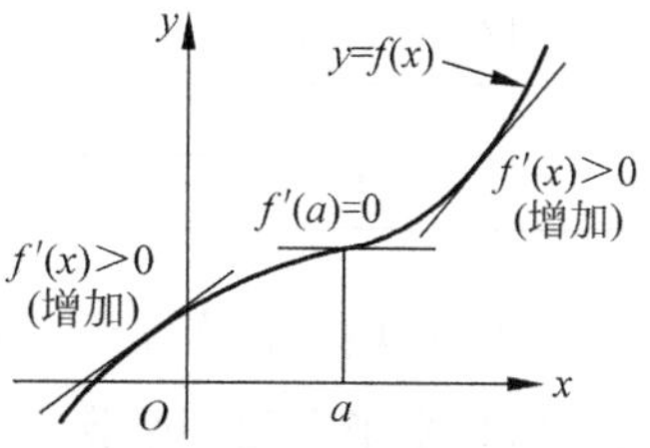

图　3.6.5

【例 3.6.2】　求函数 $y=x^2-2x-1$ 的极值，并画出函数的图像。

解：$y'=2x-2=2(x-1)$

令 $y'=2(x-1)=0$，得驻点 $x=1$ 列表如下：

x	$(-\infty,1)$	1	$(1,+\infty)$
y'	$-$	0	$+$
y	↘	-2（极小值）	↗

从表可以看出，当 $x=1$ 时，函数 y 有极小值 -2。

事实上，本例中的函数是 x 的二次函数，运用中学里的配方法，得

$$\begin{aligned} y &= x^2-2x-1 \\ &= (x-1)^2-2 \end{aligned}$$

容易得到，当 $x=1$ 时，$y_{\min}=-2$，如图 3.6.6 所示。

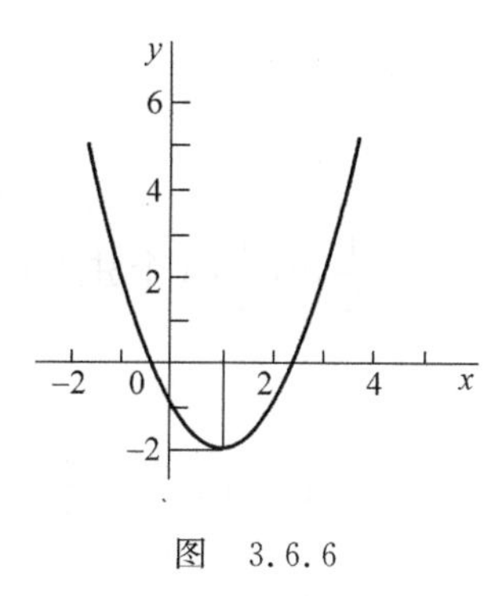

图　3.6.6

【例 3.6.3】　求函数 $y=3x^5-5x^3+1$ 的极值，并画出函数的图像。

解：

$$\begin{aligned} y' &= 15x^2(x^2-1) \\ &= 15x^2(x-1)(x+1) \end{aligned}$$

令 $y'=0$，得驻点 $x=-1,0,1$

列表如下：

x	$(-\infty,-1)$	-1	$(-1,0)$	0	$(0,1)$	1	$(1,+\infty)$
y'	+	0	−	0	−	0	+
y	↗	3	↘	1	↘	−1	↗

从上表可以看出，当 $x=-1$ 时，函数 y 有极大值 3；当 $x=1$ 时，函数 y 有极小值 -1。而(0,1)是函数的一个拐点，如图 3.6.7 所示。

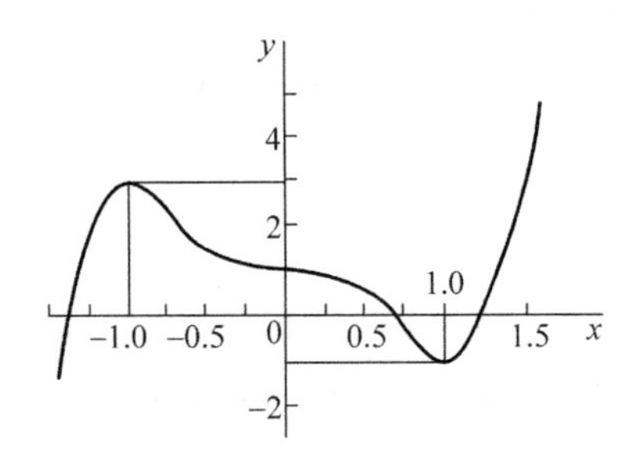

图 3.6.7

在某些情况下，我们可以用下面的方法来判定函数在一个点是否有极值。

设函数 $y=f(x)$ 在点 $x=a$ 存在二阶导数，并且 $f'(a)=0, f''(a)\neq 0$。则

(1) 当 $f''(a)<0$ 时，函数 $f(x)$ 在 $x=a$ 取极大值；

(2) 当 $f''(a)>0$ 时，函数 $f(x)$ 在 $x=a$ 取极小值。

【例 3.6.4】 试求函数 $y=2x^4-x^2+1$ 的极值。

解：

$$y'=2\cdot 4x^3-2x=2x(4x^2-1)$$
$$=2x(2x+1)(2x-1)$$

令 $y'=0$，得

$$x=-\frac{1}{2},0,\frac{1}{2}\text{（3 个驻点）}$$

而 $y''=24x^2-2$

因为 $y''\left(-\frac{1}{2}\right)=y''\left(\frac{1}{2}\right)=4>0$，函数 y 在 $x=-\frac{1}{2},\frac{1}{2}$ 取极小值

$$y\left(-\frac{1}{2}\right)=y\left(\frac{1}{2}\right)$$
$$=\frac{7}{8}$$

因为 $y''(0)=-2<0$，函数 y 在 $x=0$ 处取极大值 $y(0)=1$。

定义 3.6.3 设函数 $y=f(x)$ 定义在闭区间 $[a,b]$ 上，如果对于闭区间 $[a,b]$ 上某个点 $x=x_0$，在该闭区间上始终有 $f(x)\leqslant f(x_0)$，就称 $f(x_0)$ 为函数 $f(x)$ 在闭区间 $[a,b]$ 上的最大值；如果对于闭区间 $[a,b]$ 上某个点 $x=x_0$，在该闭区间上始终有 $f(x)\geqslant f(x_0)$，

就称 $f(x_0)$ 为函数 $f(x)$ 在闭区间 $[a,b]$ 上的最小值，如图 3.6.8 所示。

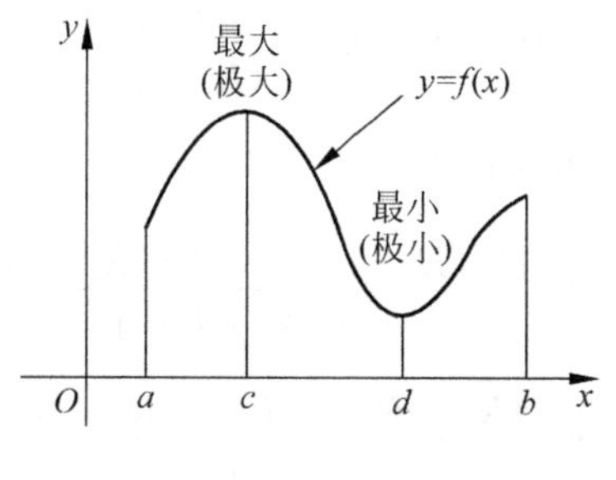

图　3.6.8

函数的最大值与最小值描述了函数在一个区间上的整体特性。

求函数 $y=f(x)$ 在闭区间 $[a,b]$ 上的最大值和最小值的方法是：

(1) 求出函数 $y=f(x)$ 在开区间 (a,b) 内所有可能的极大值、极小值。也就是求出函数在所有驻点以及不可导点处的函数值；

(2) 计算函数在区间端点处的值 $f(a)$，$f(b)$；

(3) 比较以上的所有值，其中最大的就是函数的最大值，最小的就是函数的最小值。

例 3.6.5　求函数 $y=x^3-3x^2-9x+5$ 在 $[-2,6]$ 上的最大值和最小值。

解：(1) $y'=3x^2-6x-9=3(x+1)(x-3)$

令 $y'=0$，得驻点 $x=-1,3$；所以

$$y(-1)=10,\quad y(3)=-22$$

(2) $y(-2)=3$，$y(6)=59$；

(3) 比较上述所有的值，得函数 y 在 $[-2,6]$ 上的最大值为 $y(6)=59$，最小值为 $y(3)=-22$。

例 3.6.6　如图 3.6.9 所示，在具有电压 E 和内部电阻 R_i 的直流电源上，加上负载电阻 R。试求(1)当供给电阻 R 的电功率为 P 时，如何选择电阻 R 才能获得最大 P；(2) P 的最大值 P_{max}。

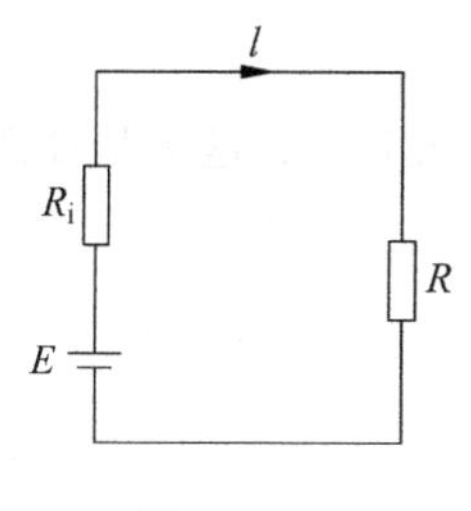

图　3.6.9

解：(1) 电路的电流

$$I=\frac{E}{R_i+R}$$

所以

$$P = I^2 \cdot R = \frac{E^2 R}{(R_i + R)^2}$$

在上式中视 R 为自变量，求导数得

$$\frac{\mathrm{d}P}{\mathrm{d}R} = E^2 \frac{R'(R_i + R)^2 - R[(R_i + R)^2]'}{[(R_i + R)^2]^2}$$

$$= E^2 \frac{(R_i + R)^2 - R \cdot 2(R_i + R)}{(R_i + R)^4}$$

$$= E^2 \frac{R_i + R - 2R}{(R_i + R)^3} = E^2 \frac{R_i - R}{(R_i + R)^3}$$

令 $\frac{\mathrm{d}P}{\mathrm{d}R}=0$，得 $R=R_i$（驻点）。

根据问题的实际意义可知，当 $R=R_i$ 时，P 取得最大值。

（2）$P_{\max}=P|_{R=R_i}=E^2 \frac{R_i}{(R_i+R_i)^2}=\frac{E^2}{4R_i}$

【例 3.6.7】 如图 3.6.10 所示电路中，独立电源的电流为

$$i = \begin{cases} 0 & t \leqslant 0 \\ 10t\,\mathrm{e}^{-5t}A & t > 0 \end{cases}$$

求什么时刻电流达到最大值。

解：对函数 $i(t)$ 求导数，得

$$\frac{\mathrm{d}i}{\mathrm{d}t} = 10\mathrm{e}^{-5t} - 50t\mathrm{e}^{-5t}$$

$$= 10\mathrm{e}^{-5t}(1 - 5t)$$

令 $\frac{\mathrm{d}i}{\mathrm{d}t}=0$，得 $t=\frac{1}{5}$

当 $t=\frac{1}{5}$s 时，电流的最大值为 0.736A，这可从如图 3.6.11 所示的电流波形图看出。

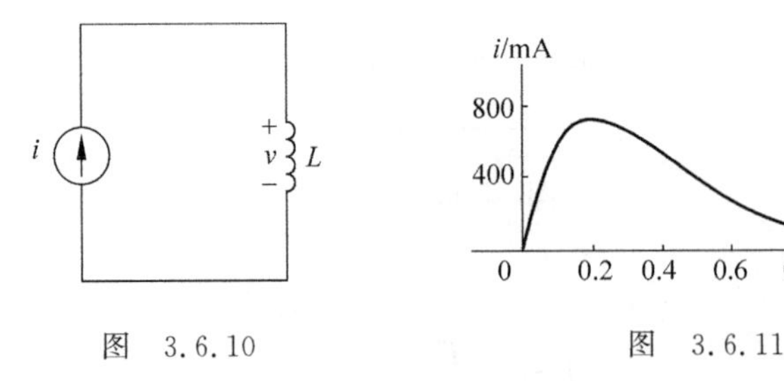

图　3.6.10　　　　图　3.6.11

习题 3.6

1. 求下列函数的单调区间与极值。

(1) $y=x-\ln(x^2+1)$

(2) $y=x^2\ln x$

2. 求下列函数在指定区间上的最大值与最小值。

(1) $y=x^3-3x^2-9x+2x\in[-2,6]$

(2) $y=\dfrac{x^3}{1+x}x\in\left[-\dfrac{1}{2},1\right]$

(3) $y=x^3-3x^2+7x\in[-1,3]$

3. 在式子 $i=Iat\,\mathrm{e}^{-at}$ 中,求电流 i 达到最大时的时间。

4. 正弦电流在 $t=150\mu\mathrm{s}$(微秒)时为 0,并且以 $2\times10^4\pi\mathrm{A/s}$ 的速率上升,最大值为 10A。求 i 的角频率与表达式。

5. 当 $t=-\dfrac{250}{6}\mu\mathrm{s}$ 时正弦电压为 0,且有正向增大的趋势,电压下一个为 0 的时间点为 $t=\dfrac{1250}{6}\mu\mathrm{s}$,并且知道当 $t=0$ 时电压值为 75V。求 e 的频率与表达式。

6. 如图 3.6.12 所示,进入上端的电荷表达式为

$$q=\frac{1}{\alpha^2}-\left(\frac{t}{\alpha}+\frac{1}{\alpha^2}\right)\mathrm{e}^{-\alpha t}$$

如果 $\alpha=0.3679\mathrm{s}^{-1}$,求流进端子的电流的最大值。

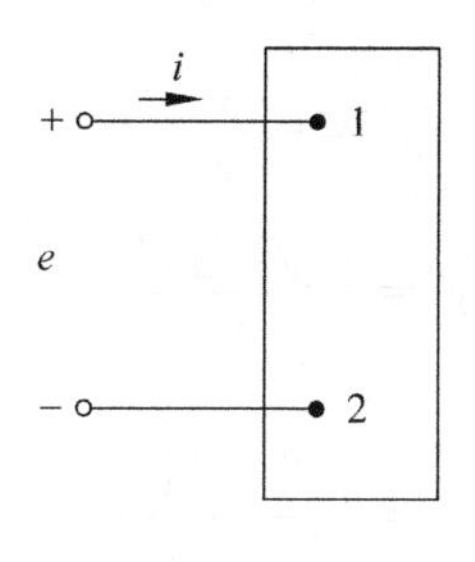

图 3.6.12

7. 如图 3.6.12 所示,电路元件的端电压和电流在 $t<0$ 和 $t>3\mathrm{s}$ 时为 0,在 0 至 3s 之间表达式为

$$v=t(3-t)(\mathrm{V})$$

$$i=6-4t(\mathrm{mA})$$

求:(1) 在什么时刻释放到电路元件的功率达到最大值,最大值是多少?(2)在什么时刻从电路元件释放的功率达到最大值,最大值是多少?

3.7 曲　　率

在工程技术中，有时需要考虑曲线的弯曲程度，如机械加工和土建工程中各种梁在荷载作用下弯曲变形，以及铁路或公路的弯道设计等。在数学上，我们用曲率来衡量曲线的弯曲程度。

从直观上我们知道，直线是不弯曲的，而圆上各点处的弯曲程度都是相同的，并且半径越小，弯曲的程度就越大。对于曲线 $y=f(x)$ 来说，曲线各点处的弯曲程度会随着 x 的变化而变化，所以曲率也是 x 的函数。在此直接给出计算曲率的公式。

假设函数 $y=f(x)$ 具有二阶导数，则 $y=f(x)$ 上任一点 $M(x_0,y_0)$ 处的曲率为

$$K=\left.\frac{|y''|}{(1+y'^2)^{\frac{3}{2}}}\right|_{(x_0,y_0)}$$

【例 3.7.1】 求直线上各点处的曲率。

解：设直线方程为 $y=kx+b$，则 $y'=k$，$y''=0$ 代入公式得

$$K=\frac{|y''|}{(1+y'^2)^{\frac{3}{2}}}=0$$

即直线上每一点的曲率均为 0。这与人们的直觉是一致的。

【例 3.7.2】 求圆 $x^2+y^2=R^2$ 在任意点 x 处的曲率。

解：对 $x^2+y^2=R^2$ 求导得

$$y'=-\frac{x}{y}$$

$$y''=-\frac{y-xy'}{y^2}=-\frac{y-x\left(-\frac{x}{y}\right)}{y^2}=-\frac{x^2+y^2}{y^3}=-\frac{R^2}{y^3}$$

代入公式得

$$K=\frac{\left|-\frac{R^2}{y^3}\right|}{\left(1+\left(-\frac{x}{y}\right)^2\right)^{\frac{3}{2}}}$$

$$= \frac{1}{R}$$

由此可见，圆上任意点处的曲率都相同，且等于半径的倒数。半径越小，曲率越大；半径越大，曲率越小。这与人们的直觉判断也是一致的。

如图 3.7.1 所示，如果一个圆与曲线 $y=f(x)$ 有如下三个关系：

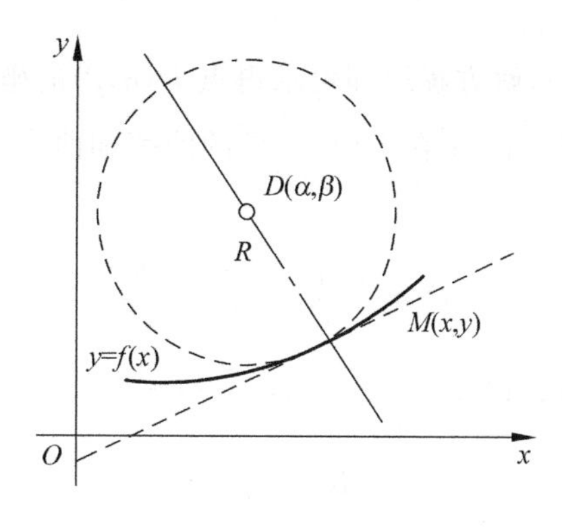

图　3.7.1

(1) 在点 $M(x_0,y_0)$ 处有公共的切线；

(2) 在点 M 处有相同的凹向；

(3) 在点 M 处有相同的曲率。

那么这个圆就叫做曲线 $y=f(x)$ 在点 M 的曲率圆，曲率圆的半径 R 叫做曲线在点 M 处的曲率半径，曲率圆的圆心 $D(\alpha,\beta)$ 叫做曲线在点 M 处的曲率中心。这时，曲率半径为

$$R = \frac{1}{K}$$

$$= \left.\frac{(1+y'^2)^{\frac{3}{2}}}{|y''|}\right|_{(x_0,y_0)}$$

显然，曲线 $y=f(x)$ 在点 M 处的曲率越大，弯曲程度就越大，曲率半径就越小。

曲率中心坐标 $D(\alpha,\beta)$ 为

$$\begin{cases} \alpha = x_0 - \dfrac{y'(1+y'^2)}{y''} \\ \beta = y_0 + \dfrac{1+y'^2}{y''} \end{cases}$$

下面说明求中心坐标 $D(\alpha,\beta)$ 的过程。首先，容易求得过 M 点的切线方程为

$$y - y_0 = y'(x - x_0)$$

因为点 $D(\alpha,\beta)$ 到此切线的距离为 R，所以

$$R = \frac{|\beta - \alpha y' - y_0 + y' x_0|}{\sqrt{1+y'^2}} \tag{3.7.1}$$

其次，容易求得过 M 点的法线方程为

$$y-y_0=-\frac{1}{y'}(x-x_0)$$

而点 D 在此法线上，所以

$$\beta-y_0=-\frac{1}{y'}(\alpha-x_0) \tag{3.7.2}$$

联立(3.7.1)与(3.7.2)，解方程组即可求得点 $D(\alpha,\beta)$ 的坐标。

【例 3.7.3】 求双曲线 $xy=1$ 在点(1,1)处的曲率和曲率半径。

解：容易求得

$$y'=-\frac{1}{x^2},\quad y''=\frac{2}{x^3}$$

将 $x=1,y=1$ 代入上式，得 $y'(1)=-1,y''(1)=2$

$$K=\frac{\sqrt{2}}{2}$$

从而曲线在点(1,1)处的曲率半径为

$$R=\frac{1}{K}=\sqrt{2}$$

我们知道，在磨削加工如图 3.7.2 所示的内表面为抛物线形的工件时，为了较为精确地保证工件的形状，使工件的内表面与砂轮的接触点附近的部分不被磨削过量，就要求选取最小值 $R_0=\min\{R\}$ 作为磨削抛物线工件的整个内表面时所要选定的砂轮的最大匹配半径 R，并相应地确定出这个砂轮磨削工件时的中心位置。

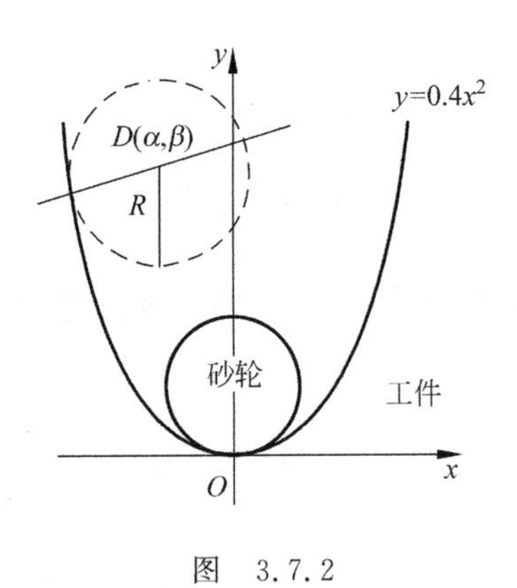

图 3.7.2

【例 3.7.4】 如图 3.7.2 所示，已知某工件的内表面截线为抛物线 $y=0.4x^2$，现在要用砂轮磨削其内表面，试问需要选用半径为多大的砂轮与之匹配比较适宜？并确定磨削工件时砂轮的中心位置。

解：因为 $y=0.4x^2,y'=0.8x,y''=0.8$，所以内表面为抛物线形的工件上任意一点处的曲率半径即为磨削该点处所用砂轮的最大匹配半径，即

$$R=\frac{(1+0.64x^2)^{\frac{3}{2}}}{0.8}$$

显然，当 $x=0$（此时 $y=0$）时，R 最小，即

$$\begin{aligned}R_0&=\min\{R\}\\&=\left|\frac{(1+0.64x^2)^{\frac{3}{2}}}{0.8}\right|_{x=0}\\&=1.25\end{aligned}$$

因此，须选用半径为 1.25 的砂轮来磨削工件。此时，$y'=0.8x|_{x=0}=0$，$y''=0.8$，相应地得到砂轮的中心坐标 $D(\alpha,\beta)$ 为

$$\begin{cases}\alpha=x-\dfrac{y'(1+y'^2)}{y''}=0-\dfrac{0\times(1+0^2)}{0.8}=0\\\beta=y+\dfrac{1+y'^2}{y''}=0+\dfrac{1+0^2}{0.8}=1.25\end{cases}$$

如图 3.7.3 所示。

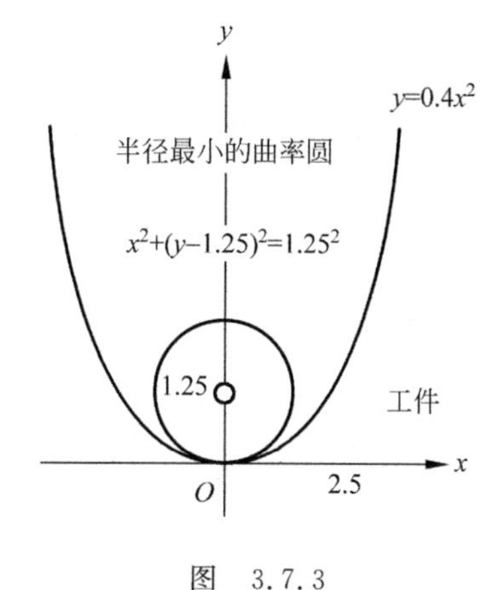

图　3.7.3

【例 3.7.5】 求抛物线 $y=ax^2+bx+c$ 上曲率最大的点。

解：$y'=2ax+b$，$y''=2a$，代入曲率公式，得

$$\begin{aligned}K&=\frac{1}{R}\\&=\frac{|2a|}{[1+(2ax+b)^2]^{\frac{3}{2}}}\end{aligned}$$

由于上式的分子是常数，所以当分母 $[1+(2ax+b)^2]^{\frac{3}{2}}$ 最小时，K 最大。显然，当 $2ax+b=0$ 时，$[1+(2ax+b)^2]^{\frac{3}{2}}$ 最小，即 $x=-\dfrac{b}{2a}$ 时，K 最大为 $|2a|$。此时所求的点为 $\left(-\dfrac{b}{2a},\dfrac{4ac-b^2}{4a}\right)$，这正好是抛物线的顶点坐标，所以抛物线在顶点处的曲率为最大。

习题 3.7

1. 求下列各曲线在给定点的曲率。

(1) $y=\ln(x^2+1)$,原点　　(2) $y=x^3$,点(1,1)

(3) $y=e^x$,点(0,1)　　(4) $y=4x-x^2$,点(2,0)

2. 求下列各曲线在给定点的曲率半径。

(1) $y=x\cos x$,点(0,0)　　(2) $xy=4$,点(2,2)

3. 求曲线 $y=\ln x$ 上曲率半径最小的点,并求该点处的曲率半径。

4. 求曲线 $y=1+4x-2x^2$ 上具有最大曲率的点。

5. 已知一椭圆形工件的长半轴为 1m,短半轴为$\frac{1}{2}$m。现用圆柱形铣刀加工椭圆上短轴附近的一段弧,问选用直径多大的铣刀比较合适?

第4章　定积分及其应用

定积分是积分学领域的一个重要概念，它在科学与技术的诸多领域都有广泛的应用。本章主要介绍不定积分与定积分的概念、性质与计算方法，以及定积分的应用，尤其是在物理学(如力学、电工学、机械制造等方面)中的应用。

4.1　不定积分的概念

1. 原函数与不定积分

在第3章中，我们能够求出一个已知函数的导数。但在许多实际问题中，常常会遇到与此相反的问题。比如，已知某物体在时刻 t 的运动速度 $v(t)=s'(t)$，求该物体的运动方程 $s(t)$。这个问题从数学角度看就是，已知某个函数的导数，求原来的那个函数。为此，先引入如下的概念。

定义 4.1.1　设函数 $F(x)$、$f(x)$ 定义在区间 I 上，如果函数 $F(x)$ 的导数等于 $f(x)$，即

$$\frac{\mathrm{d}F(x)}{\mathrm{d}x}=F'(x)=f(x)$$

那么称 $F(x)$ 为 $f(x)$ 在该区间上的一个原函数。

很显然，当 K 为任意常数时

$$\frac{\mathrm{d}[F(x)+K]}{\mathrm{d}x}=\frac{\mathrm{d}F(x)}{\mathrm{d}x}+\frac{\mathrm{d}K}{\mathrm{d}x}=f(x)$$

因此 $F(x)+K$ 也是 $f(x)$ 的原函数。

比如，若 $F(x)=x^4$，$f(x)=4x^3$，因为 $(F(x))'=(x^4)'=4x^3=f(x)$，所以 x^4 就是 $4x^3$ 的一个原函数，而且 x^4+K 也是 $4x^3$ 的原函数，其中的任意常数 K 可以取不同的常数值。

【例 4.1.1】　求函数 $f(x)=\mathrm{e}^x+x^2$ 的一个原函数。

解：因为

$$\left(\mathrm{e}^x+\frac{1}{3}x^3\right)'=\mathrm{e}^x+x^2=f(x)$$

所以 $\mathrm{e}^x+\frac{1}{3}x^3$ 是 $f(x)=\mathrm{e}^x+x^2$ 的一个原函数。

设 $F(x)$,$G(x)$是 $f(x)$的两个原函数,K 为任意常数,则

$$\frac{\mathrm{d}[G(x)-F(x)]}{\mathrm{d}x}=\frac{\mathrm{d}G(x)}{\mathrm{d}x}-\frac{\mathrm{d}F(x)}{\mathrm{d}x}=f(x)-f(x)=0$$

所以

$$G(x)-F(x)=K \quad 或 \quad G(x)=F(x)+K$$

这说明,函数 $f(x)$的任意两个原函数只相差一个常数。由此可知,$f(x)$的所有原函数都可以由 $F(x)+K$ 表示。

定义 4.1.2 $f(x)$的带有任意常数 K 的所有原函数为 $F(x)+K$,叫做函数 $f(x)$的不定积分,记为

$$\int f(x)\mathrm{d}x=F(x)+K$$

这里“$\int$”称为积分号,$f(x)$ 称为被积函数,$f(x)\mathrm{d}x$ 称为被积表达式,x 称为积分变量,K 称为积分常数。我们把求函数 $f(x)$ 的所有原函数的过程称为求 $f(x)$ 的不定积分。

【例 4.1.2】 求下列函数的不定积分。

(1) $\cos x$ (2) $\sin x$ (3) $\frac{1}{x}$ (4) $\sqrt{x}$

解:(1) 因为$(\sin x)'=\cos x$,所以 $\sin x$ 是 $\cos x$ 的一个原函数,

故

$$\int \cos x\mathrm{d}x=\sin x+K$$

(2) 因为$(-\cos x)'=\sin x$,所以$-\cos x$ 是 $\sin x$ 的一个原函数,

故

$$\int \sin x\mathrm{d}x=-\cos x+K$$

(3) 因为$(\ln|x|)'=\frac{1}{x}$,所以 $\ln|x|$是$\frac{1}{x}$的一个原函数,

故

$$\int \frac{1}{x}\mathrm{d}x=\ln|x|+K$$

(4) 因为$\left(\frac{2}{3}x^{\frac{3}{2}}\right)'=\sqrt{x}$,所以$\frac{2}{3}x^{\frac{3}{2}}$是$\sqrt{x}$的一个原函数,

故

$$\int \sqrt{x}\mathrm{d}x=\frac{2}{3}x^{\frac{3}{2}}+K$$

2. 不定积分的性质

根据不定积分的定义,容易得到如下性质。

性质 4.1.1

$$\frac{\mathrm{d}}{\mathrm{d}x}\left(\int f(x)\mathrm{d}x\right) = f(x)$$

这个性质表明，求导数是求不定积分的逆运算。

【例 4.1.3】 已知 $\int f(x)\mathrm{d}x = x\mathrm{e}^x + K$，求 $f(x)$。

解：由性质 4.1.1，对已知条件的两边求导，得

$$\frac{\mathrm{d}}{\mathrm{d}x}\left(\int f(x)\mathrm{d}x\right) = \frac{\mathrm{d}}{\mathrm{d}x}(x\mathrm{e}^x + K)$$

即

$$f(x) = \mathrm{e}^x + x\mathrm{e}^x$$

性质 4.1.2

$$\int \frac{\mathrm{d}}{\mathrm{d}x}F(x)\mathrm{d}x = F(x) + K \quad 或者 \quad \int \mathrm{d}F(x) = F(x) + K$$

因为 $F'(x) = \frac{\mathrm{d}F(x)}{\mathrm{d}x}$，这说明 $F(x)$ 是 $\frac{\mathrm{d}F(x)}{\mathrm{d}x}$ 的一个原函数，根据不定积分的定义知，上述性质成立。

性质 4.1.3

$$\int Kf(x)\mathrm{d}x = K\int f(x)\mathrm{d}x \quad 其中 \quad K \neq 0$$

由性质 4.1.1，得

$$\frac{\mathrm{d}}{\mathrm{d}x}\left[\int Kf(x)\mathrm{d}x\right] = Kf(x)$$

$$\frac{\mathrm{d}}{\mathrm{d}x}\left[K\int f(x)\mathrm{d}x\right] = K\frac{\mathrm{d}}{\mathrm{d}x}\left[\int f(x)\mathrm{d}x\right] = Kf(x)$$

比较上面两个式子得，上述性质成立。

注意，此性质要求 $K \neq 0$，请读者思考为什么？

性质 4.1.4

$$\int [f(x) \pm g(x)]\mathrm{d}x = \int f(x)\mathrm{d}x \pm \int g(x)\mathrm{d}x$$

根据性质 4.1.1，得

$$\frac{\mathrm{d}}{\mathrm{d}x}\left\{\int [f(x) \pm g(x)]\mathrm{d}x\right\} = f(x) \pm g(x)$$

$$\frac{\mathrm{d}}{\mathrm{d}x}\left[\int f(x)\mathrm{d}x \pm \int g(x)\mathrm{d}x\right] = \frac{\mathrm{d}}{\mathrm{d}x}\left[\int f(x)\mathrm{d}x\right] \pm \left[\frac{\mathrm{d}}{\mathrm{d}x}\int g(x)\mathrm{d}x\right]$$

$$= f(x) \pm g(x)$$

比较上面两个式子得，上述性质成立。

【例 4.1.4】 计算$\int\left(5x-\frac{7}{x}+4\right)dx$。

解：根据性质 4.1.3、性质 4.1.4，得

$$\begin{aligned}\int\left(5x-\frac{7}{x}+4\right)dx &= \int 5x dx-\int\frac{7}{x}dx+\int 4dx \\ &= 5\int x dx-7\int\frac{1}{x}dx+4\int dx \\ &= \frac{5x^2}{2}-7\ln|x|+4x+K\end{aligned}$$

【例 4.1.5】 计算$\int(5\cos x+7\sin x)dx$。

解：根据性质 4.1.3、性质 4.1.4，得

$$\begin{aligned}\int(5\cos x+7\sin x)dx &= 5\int\cos x dx+7\int\sin x dx \\ &= 5\sin x-7\cos x+K\end{aligned}$$

习题 4.1

1. 求下列函数的一个原函数，并写成不定积分的形式。

(1) $f(x)=\sin x-\cos x$　　(2) $f(x)=4e^x$

(3) $f(x)=e^{2x}+3x$　　(4) $f(x)=x^3-5$

(5) $f(x)=3\sin x$　　(6) $f(x)=e^x-\cos x$

2. 已知$\int f(x)dx=x^2+\cos x+K$，求$f(x)$。

3. 证明：函数$f(x)=\ln 2x$与$f(x)=\ln x$是同一函数的原函数。

4.2　积分基本公式

根据不定积分的定义，被积函数与其原函数是相互对应的，原函数的导数就是被积函数。因而，参照第 3 章基本求导公式，可以得到如下积分公式。

(1) x 幂的不定积分

$$\int x^m dx=\frac{x^{m+1}}{m+1}+K,\quad m\neq -1, K\text{ 为常数}$$

因为

$$\frac{d}{dx}\left(\frac{x^{m+1}}{m+1}+K\right)=\frac{1}{m+1}\frac{dx^{m+1}}{dx}$$

$$= \frac{(m+1)x^{m+1-1}}{m+1}$$

$$= x^m$$

所以

$$\int x^m \mathrm{d}x = \frac{x^{m+1}}{m+1} + K$$

同理可得

$$\int \frac{1}{x}\mathrm{d}x = \ln|x| + K$$

(2) 三角函数的不定积分

$$\int \cos x \mathrm{d}x = \sin x + K$$

$$\int \sin x \mathrm{d}x = -\cos x + K$$

(3) 无理函数的不定积分

$$\int \frac{\mathrm{d}x}{\sqrt{1-x^2}} = \arcsin x + K$$

$$\int \frac{\mathrm{d}x}{\sqrt{1+x^2}} = \ln|x + \sqrt{1+x^2}| + K$$

(4) 指数函数的不定积分

$$\int \mathrm{e}^x \mathrm{d}x = \mathrm{e}^x + K$$

$$\int a^x \mathrm{d}x = \frac{a^x}{\ln a} + K$$

(5) 有理函数的不定积分

$$\int \frac{\mathrm{d}x}{x^2+1} = \arctan x + K$$

$$\int \frac{\mathrm{d}x}{x^2-1} = \frac{1}{2}\ln\left|\frac{x-1}{x+1}\right| + K$$

【例 4.2.1】 求不定积分。

$$\int (4x^2 + 3x\sqrt{x} + 2)\mathrm{d}x$$

解： $\int (4x^2 + 3x\sqrt{x} + 2)\mathrm{d}x = 4\int x^2 \mathrm{d}x + 3\int x^{\frac{3}{2}}\mathrm{d}x + 2\int \mathrm{d}x$

$$= 4\frac{x^{2+1}}{2+1} + 3\frac{x^{\frac{3}{2}+1}}{\frac{3}{2}+1} + 2\frac{x^{0+1}}{0+1} + K$$

$$= \frac{4}{3}x^3 + \frac{6}{5}x^{\frac{5}{2}} + 2x + K$$

【例 4.2.2】 求不定积分$\int(2^x+\sin x)\mathrm{d}x$。

解：
$$\int(2^x+\sin x)\mathrm{d}x=\int 2^x\mathrm{d}x+\int\sin x\mathrm{d}x$$
$$=\frac{2^x}{\ln 2}-\cos x+K$$

【例 4.2.3】 求不定积分$\int\left(\frac{2}{x^2+1}+\frac{5}{x}\right)\mathrm{d}x$。

解：
$$\int\left(\frac{2}{x^2+1}+\frac{5}{x}\right)\mathrm{d}x=\int\frac{2}{x^2+1}\mathrm{d}x+\int\frac{5}{x}\mathrm{d}x$$
$$=2\int\frac{1}{x^2+1}\mathrm{d}x+5\int\frac{1}{x}\mathrm{d}x$$
$$=2\arctan x+5\ln|x|+K$$

习题 4.2

1. 求下列不定积分。

(1) $\int(\mathrm{e}^x+\sqrt{x}+1)\mathrm{d}x$　　(2) $\int(x^3-2\sin x)\mathrm{d}x$

(3) $\int\mathrm{e}^x a^x\mathrm{d}x$　　(4) $\int\left(\frac{1}{x^2}+\frac{1}{x^3}\right)\mathrm{d}x$

(5) $\int\left(\mathrm{e}^x+\frac{1}{x}\right)\mathrm{d}x$　　(6) $\int\left(\frac{1-x}{x}\right)^2\mathrm{d}x$

2. 求下列不定积分。

(1) $\int(\mathrm{e}^{x-3}+5^{2x})\mathrm{d}x$　　(2) $\int\left(\frac{1}{x^2-1}-3\right)\mathrm{d}x$

(3) $\int\left(x^4\sqrt{x}+\frac{2}{1+x^2}\right)\mathrm{d}x$　　(4) $\int\left(\frac{1}{\sqrt{1-x^2}}+\cos x\right)\mathrm{d}x$

(5) $\int\left(\frac{1}{\sqrt{1+x^2}}+4x^{\frac{3}{2}}\right)\mathrm{d}x$　　(6) $\int(2^x+x^4)\mathrm{d}x$

4.3 不定积分的方法

利用不定积分的性质与基本公式，只能计算简单函数的不定积分。对于比较复杂的不定积分，还需要其他的积分方法。下面的换元法和分部积分法就是两个常用的积分法。

1. 换元积分法

令 $x=\varphi(t)$，$\mathrm{d}x=\varphi'(t)\mathrm{d}t$，则
$$\int f(x)\mathrm{d}x=\int f[\varphi(t)]\cdot\varphi'(t)\cdot\mathrm{d}t$$

像这样通过变量代换进行积分的方法称为换元积分法。

【例 4.3.1】 求下列不定积分。

(1) $\int (x+a)^7 \mathrm{d}x$　　(2) $\int \sqrt{x^2+1}\Delta x \mathrm{d}x$

解：(1) 令 $x+a=t$，则 $x=t-a$，$\mathrm{d}x=\mathrm{d}t$，故

$$\int (x+a)^7 \mathrm{d}x = \int t^7 \cdot \mathrm{d}t = \frac{t^{7+1}}{7+1} + K$$

$$= \frac{(x+a)^8}{8} + K$$

(2) 令 $x^2+1=t$，则 $2x \cdot \mathrm{d}x = \mathrm{d}t$，亦即 $x\mathrm{d}x = \frac{1}{2}\mathrm{d}t$，所以

$$\int \sqrt{x^2+1}\, x \mathrm{d}x = \int t^{\frac{1}{2}} \cdot \frac{1}{2}\mathrm{d}t$$

$$= \frac{1}{2}\int t^{\frac{1}{2}} \mathrm{d}t$$

$$= \frac{\frac{1}{2}t^{\frac{1}{2}+1}}{\frac{1}{2}+1} + K$$

$$= \frac{\frac{1}{2}t^{\frac{3}{2}}}{\frac{3}{2}} + K$$

$$= \frac{1}{3}\sqrt{(x^2+1)^3} + K$$

当然，令 $\sqrt{x^2+1}=t$，同样可以求解此题。请读者自己完成。

【例 4.3.2】 求下列不定积分。

(1) $\int \sin ax \mathrm{d}x$　　(2) $\int \cos ax \mathrm{d}x$

解：(1) 令 $ax=t$，则 $\mathrm{d}x = \frac{1}{a}\mathrm{d}t$，所以

$$\int \sin ax \mathrm{d}x = \int \sin t \cdot \frac{1}{a}\mathrm{d}t$$

$$= \frac{1}{a}\int \sin t \mathrm{d}t = \frac{1}{a}(-\cos t) + K$$

$$= -\frac{\cos ax}{a} + K$$

(2) 可以采取与(1) 相同的解法，也可以用下面的方法求解。

因为 $\cos ax = \sin\left(ax + \frac{\pi}{2}\right)$，所以

令 $ax+\frac{\pi}{2}=t$，则 $x=\frac{t}{a}-\frac{\pi}{2a}$，即 $dx=\frac{1}{a}dt$

$$\int\cos ax\,dx=\int\sin\left(ax+\frac{\pi}{2}\right)dx$$
$$=\int\frac{1}{a}\sin t\,dt$$
$$=-\frac{\cos t}{a}+K$$
$$=-\frac{\cos\left(ax+\frac{\pi}{2}\right)}{a}+K$$
$$=\frac{\sin ax}{a}+K$$

【例 4.3.3】 求下列不定积分。

(1) $\int e^{3x}dx$　　　　(2) $\int(5e^{2x}+3e^{-4x})dx$

解：(1) 令 $3x=t$，则 $x=\frac{t}{3}$，$dx=\frac{1}{3}dt$，所以

$$\int e^{3x}dx=\int e^{t}\cdot\frac{1}{3}dt$$
$$=\frac{1}{3}\int e^{t}dt$$
$$=\frac{1}{3}e^{t}+K$$
$$=\frac{1}{3}e^{3x}+K$$

在解题熟练以后，可以采取下面的写法：

$$\int e^{3x}dx=\int e^{3x}+\frac{1}{3}d(3x)$$
$$=\frac{1}{3}\int e^{3x}d(3x)$$
$$=\frac{1}{3}e^{3x}+K$$

这时的换元法也称为凑微分法。

(2) $\int(5e^{2x}+3e^{-4x})dx=5\int e^{2x}dx+3\int e^{-4x}dx$

$$=\frac{5}{2}\int e^{2x}d(2x)+\frac{3}{-4}\int e^{-4x}d(-4x)$$
$$=\frac{5}{2}e^{2x}-\frac{3}{4}e^{-4x}+K$$

【例 4.3.4】 求下列不定积分。

(1) $\int \sin^2 x\mathrm{d}x$　(2) $\int \cos^2 x\mathrm{d}x$　(3) $\int \tan x\mathrm{d}x$

解：(1) 因为 $\cos 2x=1-2\sin^2 x$，所以 $\sin^2 x=\frac{1-\cos 2x}{2}$

$$\text{而}\int \cos 2x\mathrm{d}x=\frac{\sin 2x}{2}+K\text{，所以}$$

$$\begin{aligned}\int \sin^2 x\mathrm{d}x &= \int \frac{1-\cos 2x}{2}\mathrm{d}x \\ &= \frac{1}{2}\left(\int \mathrm{d}x-\int \cos 2x\mathrm{d}x\right) \\ &= \frac{1}{2}x-\frac{\sin 2x}{4}+K\end{aligned}$$

(2) 由 $\cos 2x=2\cos^2 x-1$，得 $\cos^2 x=\frac{1+\cos 2x}{2}$

$$\begin{aligned}\int \cos^2 x\mathrm{d}x &= \frac{1}{2}\left(\int \mathrm{d}x+\int \cos 2x\mathrm{d}x\right) \\ &= \frac{1}{2}x+\frac{\sin 2x}{4}+K\end{aligned}$$

(3) $\int \tan x\mathrm{d}x=\int \frac{\sin x}{\cos x}\mathrm{d}x=-\int \frac{1}{\cos x}\mathrm{d}(\cos x)=-\ln|\cos x|+K$

【例 4.3.5】 求下列不定积分。

(1) $\int \sqrt{a^2-x^2}\mathrm{d}x,\ -a\leqslant x\leqslant a$　(2) $\int \frac{\mathrm{d}x}{\sin x}$

解：(1) 由于 $-a\leqslant x\leqslant a$，设 $x=a\sin t$，则

$$\begin{aligned}\mathrm{d}x &= a\cos t\mathrm{d}t \\ \sqrt{a^2-x^2} &= \sqrt{a^2-(a\sin t)^2} \\ &= a\sqrt{1-\sin^2 t} \\ &= a\cos t\end{aligned}$$

所以

$$\begin{aligned}\int \sqrt{a^2-x^2}\mathrm{d}x &= \int a\cos t\cdot a\cos t\mathrm{d}t \\ &= \int a^2\cos^2 t\mathrm{d}t \\ &= a^2\int \frac{1+\cos 2t}{2}\mathrm{d}t \\ &= a^2\left(\frac{1}{2}t+\frac{\sin 2t}{4}\right)+K \\ &= \frac{1}{2}a^2(t+\sin t\cos t)+K\end{aligned}$$

根据 $\sin t=\frac{x}{a}$ 作辅助直角三角形，如图 4.3.1 所示。由图可知，

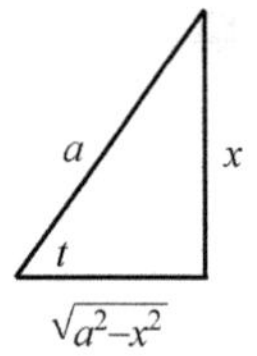

$\cos t=\frac{\sqrt{a^2-x^2}}{a}$，且 $t=\arcsin\frac{x}{a}$，所以

$$\int\sqrt{a^2-x^2}\,\mathrm{d}x=\frac{1}{2}a^2\left(\arcsin\frac{x}{a}+\frac{x}{a}\frac{\sqrt{a^2-x^2}}{a}\right)+K$$

$$=\frac{1}{2}\left(a^2\arcsin\frac{x}{a}+x\sqrt{a^2-x^2}\right)+K$$

图 4.3.1

(2) 设 $\tan\frac{x}{2}=t$，则 $x=2\arctan t$，于是

$$\mathrm{d}x=\frac{2}{1+t^2}\mathrm{d}t$$

$$\sin x=2\sin\frac{x}{2}\cos\frac{x}{2}=\frac{2\sin\frac{x}{2}}{\cos\frac{x}{2}}\cdot\cos^2\frac{x}{2}$$

$$=\frac{2\tan\frac{x}{2}}{\sec^2\frac{x}{2}}$$

$$=\frac{2\tan\frac{x}{2}}{1+\tan^2\frac{x}{2}}$$

$$=\frac{2t}{1+t^2}$$

所以

$$\int\frac{\mathrm{d}x}{\sin x}=\int\left(\frac{1}{\frac{2t}{1+t^2}}\right)\frac{2}{1+t^2}\mathrm{d}t$$

$$=\int\frac{\mathrm{d}t}{t}$$

$$=\ln|t|+K$$

$$=\ln\left|\tan\frac{x}{2}\right|+K$$

本题还可以有下面的方法：

$$\int\frac{\mathrm{d}x}{\sin x}=\int\frac{\sin x}{\sin^2x}\mathrm{d}x$$

$$=-\int\frac{1}{1-\cos^2x}\mathrm{d}(\cos x)$$

$$= \int \frac{1}{\cos^2 x - 1} \mathrm{d}(\cos x)$$

$$= \frac{1}{2} \ln \left| \frac{\cos x - 1}{\cos x + 1} \right| + K$$

注意，本题的两种方法所得结果表面上是不同的。这在求不定积分时会经常出现。

2. 分部积分法

$$\int g(x) \cdot \mathrm{d}f(x) = f(x)g(x) - \int f(x) \cdot \mathrm{d}g(x)$$

运用分部积分法的关键在于选择 $g(x)$，$\mathrm{d}f(x)$，一般原则：要使 $f(x)$ 容易求出，并且新积分 $\int f(x) \cdot \mathrm{d}g(x)$ 要比原积分 $\int g(x) \cdot \mathrm{d}f(x)$ 容易求出。

【例 4.3.6】 求下列不定积分。

(1) $\int x\mathrm{e}^{-x}\mathrm{d}x$　　　(2) $\int \ln x \mathrm{d}x$

解：(1)

$$\int x\mathrm{e}^{-x}\mathrm{d}x = -\int x \cdot \mathrm{e}^{-x}\mathrm{d}(-x)$$

$$= -\int x \cdot \mathrm{d}(\mathrm{e}^{-x})$$

（其中 $g(x) = x, f(x) = \mathrm{e}^{-x}$）

$$= -\left[x\mathrm{e}^{-x} - \int \mathrm{e}^{-x}\mathrm{d}x\right]$$

$$= -\mathrm{e}^{-x}x + \int \mathrm{e}^{-x}\mathrm{d}x$$

$$= -\mathrm{e}^{-x}x - \int \mathrm{e}^{-x}\mathrm{d}(-x)$$

$$= -\mathrm{e}^{-x}x - \mathrm{e}^{-x} + K$$

(2) 令 $g(x) = \ln x, f(x) = x$，于是

$$\int \ln x \cdot \mathrm{d}x = x\ln x - \int x \cdot \frac{1}{x}\mathrm{d}x$$

$$= x\ln x - \int \mathrm{d}x$$

$$= x\ln x - x + K$$

【例 4.3.7】 求下列不定积分。

(1) $\int x\cos x\mathrm{d}x$　　　(2) $\int \mathrm{e}^{x}\sin x\mathrm{d}x$

解：

(1) $\int x\cos x\mathrm{d}x = \int x \cdot \mathrm{d}\sin x$

$$= x\sin x - \int \sin x \mathrm{d}x$$

(其中 $g(x) = x, f(x) = sinx$)

$$= x\sin x - (-\cos x) + K$$

$$= x\sin x + \cos x + K$$

(2) $\int \mathrm{e}^x \sin x \mathrm{d}x = \int \sin x \cdot \mathrm{d}\, \mathrm{e}^x = \mathrm{e}^x \sin x - \int \mathrm{e}^x \cdot \mathrm{d}\sin x$

$$= \mathrm{e}^x \sin x - \int \mathrm{e}^x \cos x \mathrm{d}x$$

$$= \mathrm{e}^x \sin x - \int \cos x \mathrm{d}\, \mathrm{e}^x$$

$$= \mathrm{e}^x \sin x - \left[\mathrm{e}^x \cos x - \int \mathrm{e}^x \mathrm{d}\cos x\right]$$

$$= \mathrm{e}^x \sin x - \left[\mathrm{e}^x \cos x + \int \mathrm{e}^x \sin x \mathrm{d}x\right]$$

$$= \mathrm{e}^x \sin x - \mathrm{e}^x \cos x - \int \mathrm{e}^x \sin x \mathrm{d}x$$

移项整理,得

$$\int \mathrm{e}^x \sin x \mathrm{d}x = \frac{1}{2}(\mathrm{e}^x \sin x - \mathrm{e}^x \cos x) + K$$

注意,分部积分法常用于求解$\int \mathrm{e}^x \sin x \mathrm{d}x$、$\int x^2 \cos x \mathrm{d}x$、$\int x^2 \mathrm{e}^x \mathrm{d}x$、$\int x^2 \ln x \mathrm{d}x$ 等类型的不定积分。

【例 4.3.8】 求不定积分。

$$I = \int \frac{3x^2 + 2x + 1}{x^3 + x^2 + x + 1} \mathrm{d}x$$

解:因为 $x^3+x^2+x+1=x^2(x+1)+x+1=(x^2+1)(x+1)$,所以

设被积函数可分解为

$$\frac{3x^2 + 2x + 1}{x^3 + x^2 + x + 1} = \frac{Ax + B}{x^2 + 1} + \frac{C}{x + 1} \tag{4.3.1}$$

其中,A、B、C 为待定常数。

把上式右边通分,得

$$\frac{3x^2 + 2x + 1}{x^3 + x^2 + x + 1} = \frac{(Ax + B)(x + 1) + C(x^2 + 1)}{(x^2 + 1)(x + 1)}$$

$$= \frac{(A + C)x^2 + (A + B)x + B + C}{x^3 + x^2 + x + 1}$$

比较两边分子的系数,得

$$A + C = 3$$

$$A+B=2$$
$$B+C=1$$

解得

$$A=2,\quad B=0,\quad C=1$$

把该结果代入式(4.3.1),则有

$$\begin{aligned} I &= \int\left(\frac{2x}{x^2+1}+\frac{1}{x+1}\right)\mathrm{d}x=\int\frac{(x^2+1)'}{x^2+1}\mathrm{d}x+\int\frac{(x+1)'}{x+1}\mathrm{d}x \\ &= \int\frac{1}{x^2+1}\mathrm{d}(x^2+1)+\int\frac{1}{x+1}\mathrm{d}(x+1) \\ &= \ln(x^2+1)+\ln|x+1|+K \end{aligned}$$

本例的求解方法称为部分分式分解法。它常用于求解有理函数的不定积分。

读者可以进一步求下列的不定积分

$$\int\frac{x^3+5x}{x^2+3x+2}\mathrm{d}x \quad \text{和} \quad \int\frac{x^2+6}{x^2+3x+2}\mathrm{d}x$$

并根据被积函数的特点,归纳出通用的求解方法。

习题 4.3

1. 求下列不定积分。

(1) $\int x(x^2+5)^{11}\mathrm{d}x$　　(2) $\int\frac{x+3}{x^2+3x+2}\mathrm{d}x$

(3) $\int x\sqrt{x^2+a}\,\mathrm{d}x$　　(4) $\int\sqrt{a^2+x^2}\,\mathrm{d}x$

(5) $\int\frac{x}{\sqrt{x+1}}\mathrm{d}x$　　(6) $\int x\sin x^2\mathrm{d}x$

2. 求下列不定积分。

(1) $\int \mathrm{e}^{-x}\cos x\mathrm{d}x$　　(2) $\int\frac{1}{3+\mathrm{e}^x}\mathrm{d}x$

(3) $\int x^2\ln x\mathrm{d}x$　　(4) $\int x^2\sin x\mathrm{d}x$

(5) $\int\frac{1}{x^2-x+1}\mathrm{d}x$　　(6) $\int\frac{x^3}{x^2+x+1}\mathrm{d}x$

4.4　定积分的概念

如图 4.4.1 所示,已知函数 $y=f(x)$,试求在该曲线和 x 轴之间的从 $x=a$ 到 $x=b$ 的范围内的曲边梯形面积 S。下面通过求面积 S 来介绍定积分的概念。

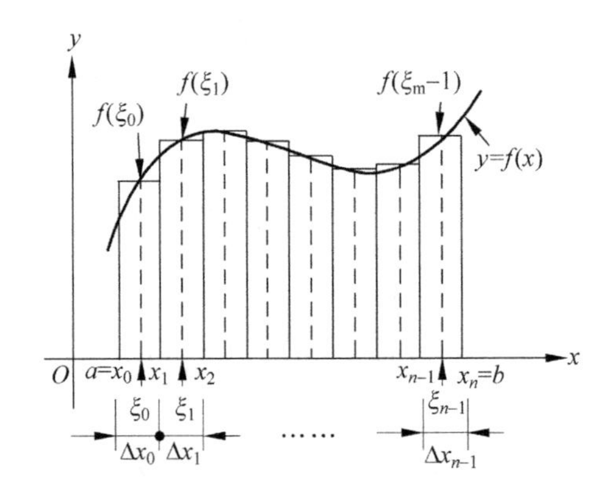

图 4.4.1

定义 4.4.1 在闭区间$[a,b]$上插入$n-1$个点$a=x_0,x_1,x_2,\cdots,x_{n-1},x_n=b$，并且

$$a=x_0<x_1<x_2<\cdots<x_{n-1}<x_n=b$$

这$n+1$个点把区间$[a,b]$分割成n个小区间，如图 4.4.1 所示。记

$$x_1-x_0=\Delta x_0,x_2-x_1=\Delta x_1,\cdots,x_n-x_{n-1}=\Delta x_{n-1}$$

在每个小区间内分别任取一点$\xi_0,\xi_1,\cdots,\xi_{n-1}$，用每个小矩形的面积$f(\xi_i)\Delta x_i$代替相应的小曲边梯形的面积，并对它们求和，得和式

$$S_n=f(\xi_0)\Delta x_0+f(\xi_1)\Delta x_1+\cdots+f(\xi_{n-1})\Delta x_{n-1}$$
$$=\sum_{i=0}^{n-1}f(\xi_i)\Delta x_i$$

那么S_n就是整个曲边梯形面积的一个近似值。

令$\Delta x_i\to 0$，即$n\to\infty$时，如果上面的和式S_n收敛于一个常数值S，那么这个极限值S就是整个曲边梯形的面积，表示为

$$S=\lim_{n\to\infty}S_n$$
$$=\lim_{n\to\infty}\sum_{i=0}^{n-1}f(\xi_i)\Delta x_i$$

同时此极限值S也称为函数$y=f(x)$从$x=a$到$x=b$的定积分，记为

$$\int_a^b f(x)\mathrm{d}x=S$$
$$=\lim_{n\to\infty}S_n$$
$$=\lim_{n\to\infty}\sum_{i=0}^{n-1}f(\xi_i)\Delta x_i$$

此时也说，函数$f(x)$在闭区间$[a,b]$上是可积的。其中x称为积分变量，$f(x)$称为被积函数，a、b分别称为定积分的下限和上限，变量x在积分下限a与上限b之间变化。

对于定积分，我们做如下说明：

(1) 定积分的值是一个实数，它只与被积函数、积分区间有关。

(2) 如果函数 $f(x)$在区间$[a,b]$上连续,则 $f(x)$在区间$[a,b]$上可积。

(3) 如图 4.4.2 所示,定积分的几何意义:

若 $f(x)$在$[a,b]$上大于 0,如图 4.4.2 所示,则$\int_a^b f(x)\mathrm{d}x$ 为正。

此积分值表示由 $y=f(x)$、$x=a$、$x=b$、以及 x 轴所围成的曲边梯形的面积。

若 $f(x)$在$[a,b]$上小于 0,如图 4.4.3 所示,则$\int_a^b f(x)\mathrm{d}x$ 为负。

此积分的绝对值表示由 $y=f(x)$、$x=a$、$x=b$、以及 x 轴所围成的曲边梯形的面积。

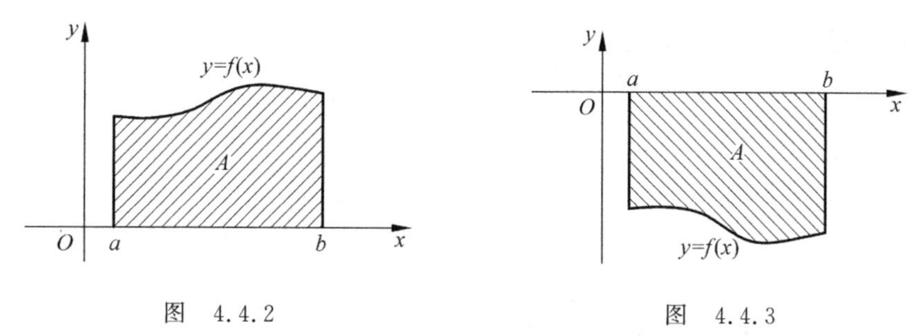

图　4.4.2　　　　图　4.4.3

定积分概念包含着解决一类问题的重要方法。但在求解具体问题时,上述的过程会非常繁琐。下面的微积分基本定理相当简洁地解决了定积分的计算问题。

定理 4.4.1　设函数 $f(x)$在区间$[a,b]$上连续,且 $F(x)$是函数 $f(x)$在区间$[a,b]$上的一个原函数,那么

$$\int_a^b f(x)\mathrm{d}x = [F(x)]_a^b = F(b)-F(a)$$

这个公式通常称为牛顿—莱布尼茨公式。它揭示了定积分与原函数(不定积分)之间的关系,它把定积分问题转化为求原函数的问题,从而给定积分的计算找到了一条捷径,它是整个积分学最重要的公式之一。

在运用牛顿—莱布尼茨公式时,要注意满足公式的条件。比如,求如下的定积分$\int_{-1}^1 \frac{1}{x^2}\mathrm{d}x$ 或$\int_0^1 \frac{1}{x^2}\mathrm{d}x$ 时就不能用牛顿—莱布尼茨公式,因为被积函数$\frac{1}{x^2}$在区间$[-1,1]$或$[0,1]$上不连续。这种定积分属于广义积分的一种类型,本书没有讨论,请读者参阅其他教材。

【例 4.4.1】　求定积分$\int_0^1 x^2\mathrm{d}x$ 。

解:因为$\frac{\mathrm{d}}{\mathrm{d}x}\left(\frac{x^3}{3}\right)=x^2$,所以$\frac{x^3}{3}$是 x^2 的原函数。

于是

$$\int_0^1 x^2\mathrm{d}x = \left[\frac{x^3}{3}\right]\Big|_0^1 = \frac{1^3}{3}-\frac{0^3}{3} = \frac{1}{3}$$

【例 4.4.2】 计算定积分$\int_0^{\frac{\pi}{2}}\cos 2x\mathrm{d}x$。

解：因为$\frac{\mathrm{d}}{\mathrm{d}x}\left(\frac{1}{2}\sin 2x\right)=\cos 2x$，所以$\frac{1}{2}\sin 2x$ 是 $\cos 2x$ 的原函数。

于是

$$\int_0^{\frac{\pi}{2}}\cos 2x\mathrm{d}x=\left[\frac{1}{2}\sin 2x\right]_0^{\frac{\pi}{2}}$$

$$=\frac{1}{2}(\sin\pi-\sin 0)=0$$

【例 4.4.3】 试证下列的定积分。

(1) $\int_0^{\pi}\sin x\mathrm{d}x=2$　　(2) $\int_{\pi}^{2\pi}\sin x\mathrm{d}x=-2$

(3) $\int_0^{2\pi}\sin x\mathrm{d}x=0$　　(4) $\int_{-\pi/2}^{\pi/2}\cos x\mathrm{d}x=2$

证明：

(1) $\int_0^{\pi}\sin x\mathrm{d}x=[-\cos x]\big|_0^{\pi}$

$$=-(\cos\pi-\cos 0)$$

$$=-(-1-1)$$

$$=2$$

(2) $\int_{\pi}^{2\pi}\sin x\mathrm{d}x=[-\cos x]\big|_{\pi}^{2\pi}$

$$=-(\cos 2\pi-\cos\pi)$$

$$=-[1-(-1))]$$

$$=-2$$

(3) $\int_0^{2\pi}\sin x\mathrm{d}x=[-\cos x]\big|_0^{2\pi}$

$$=-(\cos 2\pi-\cos 0)$$

$$=-(1-1)$$

$$=0$$

(4) $\int_{-\pi/2}^{\pi/2}\cos x\mathrm{d}x=[\sin x]\big|_{-\pi/2}^{\pi/2}$

$$=\left[\sin\frac{\pi}{2}-\sin\left(-\frac{\pi}{2}\right)\right]$$

$$=2$$

根据定积分的几何意义，借助如下图 4.4.4 和图 4.4.5，可以对本题中的定积分有更清楚的认识。

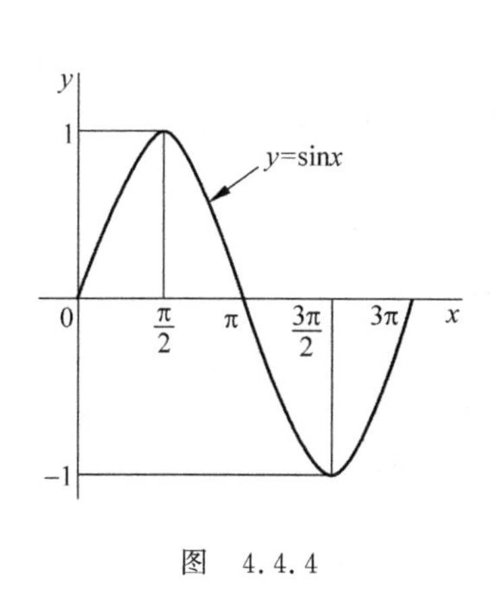

图　4.4.4

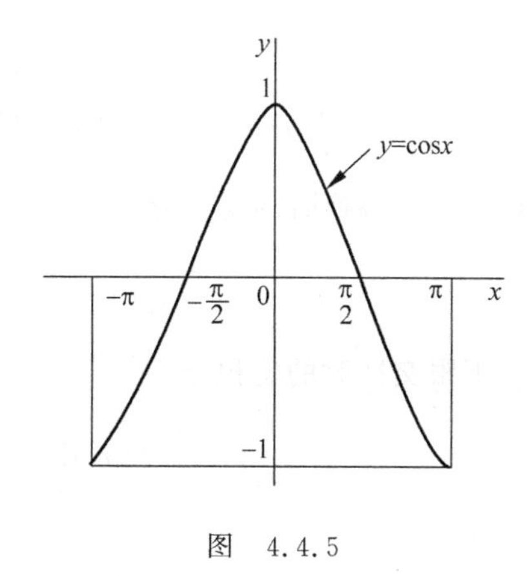

图　4.4.5

习题 4.4

1. 根据定积分的几何意义计算下列定积分。

(1) $\int_0^1 4x\mathrm{d}x$　　(2) $\int_0^2 \sqrt{4-x^2}\,\mathrm{d}x$

(3) $\int_{-1}^1 \sqrt{1-x^2}\,\mathrm{d}x$　　(4) $\int_0^1 (-2x+1)\mathrm{d}x$

2. 根据定积分的几何意义,判断下列定积分的正负。

(1) $\int_{-5}^2 \mathrm{e}^{-x}\mathrm{d}x$　　(2) $\int_0^{\frac{3\pi}{2}} \cos x\mathrm{d}x$

(3) $\int_1^2 (-3x-1)\mathrm{d}x$　　(4) $\int_{\frac{\pi}{2}}^{2\pi} \sin x\mathrm{d}x$

3. 计算下列定积分。

(1) $\int_{-1}^1 (x^2-x+2)\mathrm{d}x$　　(2) $\int_0^3 (\mathrm{e}^x-x)\mathrm{d}x$

(3) $\int_{-\pi}^{\frac{\pi}{4}} (\cos x+\sin x)\mathrm{d}x$　　(4) $\int_0^{\frac{\pi}{2}} \sin 2x\mathrm{d}x$

(5) $\int_1^2 \left(\frac{1}{x^2}+\frac{1}{x}\right)\mathrm{d}x$　　(6) $\int_0^{\pi} (2x+\sin x)\mathrm{d}x$

4.5　定积分的性质与方法

定积分有许多重要性质,下面的性质是经常用到的。

(1) 上下限相等时的定积分

$$\int_a^a f(x)\mathrm{d}x = 0$$

这是因为

$$\int_a^a f(x)\mathrm{d}x = [F(x)]_a^a = F(a) - F(a) = 0$$

(2) 积分变量替换时的定积分

$$\int_b^a f(x)\mathrm{d}x = \int_b^a f(u)\mathrm{d}u$$

(3) 上下限交换时的定积分

$$\int_b^a f(x)\mathrm{d}x = -\int_a^b f(x)\mathrm{d}x$$

因为

$$\begin{aligned}\int_b^a f(x)\mathrm{d}x &= F(a) - F(b)\\ &= -[F(b) - F(a)]\\ &= -\int_a^b f(x)\mathrm{d}x\end{aligned}$$

(4) 在闭区间$[a,b]$内任取一点c时的定积分

$$\int_a^b f(x)\mathrm{d}x = \int_a^c f(x)\mathrm{d}x + \int_c^b f(x)\mathrm{d}x \quad a \leqslant c \leqslant b$$

这是因为

$$\begin{aligned}\int_a^c f(x)\mathrm{d}x + \int_c^b f(x)\mathrm{d}x &= [F(c) - F(a)] + [F(b) - F(c)]\\ &= F(b) - F(a)\\ &= \int_a^b f(x)\mathrm{d}x\end{aligned}$$

(5) 常数与函数之积的定积分

$$\int_a^b Kf(x)\mathrm{d}x = K\int_a^b f(x)\mathrm{d}x \quad K \text{ 为常数}$$

(6) 函数之和或差的定积分

$$\int_a^b [f(x) \pm g(x)]\mathrm{d}x = \int_a^b f(x)\mathrm{d}x \pm \int_a^b g(x)\mathrm{d}x$$

(7) 偶函数在对称区间上的定积分

如果$f(x)$为区间$[-a,a]$上的偶函数，则

$$\int_{-a}^a f(x)\mathrm{d}x = 2\int_0^a f(x)\mathrm{d}x$$

(8) 奇函数在对称区间上的定积分

如果$f(x)$为区间$[-a,a]$上的奇函数，则

$$\int_{-a}^a f(x)\mathrm{d}x = 0$$

(9) 函数的均值

如果函数 $f(x)$ 在闭区间 $[a,b]$ 上连续，则 $f(x)$ 在 $[a,b]$ 上的均值 $\overline{f(x)}$ 为

$$\overline{f(x)}=\frac{1}{b-a}\int_a^b f(x)\mathrm{d}x$$

【例4.5.1】 已知函数 $f(x)=\begin{cases}1-x, & 0\leqslant x<1\\ 2x+1, & 1\leqslant x\leqslant 2\end{cases}$，求 $\int_0^2 f(x)\mathrm{d}x$。

解：由性质(4)得

$$\begin{aligned}\int_0^2 f(x)\mathrm{d}x &= \int_0^1 f(x)\mathrm{d}x+\int_1^2 f(x)\mathrm{d}x\\ &= \int_0^1(1-x)\mathrm{d}x+\int_1^2(2x+1)\mathrm{d}x\\ &= \left(x-\frac{1}{2}x^2\right)\Big|_0^1+(x^2+x)\Big|_1^2\\ &= \left(\frac{1}{2}-0\right)+(6-2)\\ &= \frac{9}{2}\end{aligned}$$

【例4.5.2】 计算下列定积分的值。

(1) $\int_{-1}^{1}x^2|x|\mathrm{d}x$　　(2) $\int_{-\sqrt{2}}^{\sqrt{2}}\frac{x^3\sin^2 x}{1+x^2+x^4}\mathrm{d}x$

解：(1) 由于被积函数 $x^2|x|$ 是 $[-1,1]$ 上的偶函数，于是有

$$\int_{-1}^{1}x^2|x|\mathrm{d}x=2\int_0^1 x^3\mathrm{d}x=\frac{1}{2}$$

(2) 由于被积函数 $\frac{x^3\sin^2 x}{1+x^2+x^4}$ 是 $[-\sqrt{2},\sqrt{2}]$ 上的奇函数，于是有

$$\int_{-\sqrt{2}}^{\sqrt{2}}\frac{x^3\sin^2 x}{1+x^2+x^4}\mathrm{d}x=0$$

与不定积分类似，定积分也有换元积分法和分部积分法。

1. 换元积分公式

如果令 $x=\varphi(t)$，且 $t|_{x=a}=\alpha, t|_{x=b}=\beta, \mathrm{d}x=\varphi'(t)\mathrm{d}t$，则

$$\int_a^b f(x)\mathrm{d}x=\int_\alpha^\beta f[\varphi(t)]\varphi'(t)\mathrm{d}t$$

这里要注意积分上下限的变化。

【例4.5.3】 计算定积分。

$$\int_0^3\frac{x}{\sqrt{1+x}}\mathrm{d}x$$

解：设 $\sqrt{1+x}=t$，则 $x=t^2-1, \mathrm{d}x=2t\mathrm{d}t$

当 $x=0$ 时，$t=1$；当 $x=3$ 时，$t=2$

$$\begin{aligned}\int_0^3 \frac{x}{\sqrt{1+x}}\mathrm{d}x &= \int_1^2 \frac{t^2-1}{t}2t\mathrm{d}t \\ &= 2\int_1^2 (t^2-1)\mathrm{d}t \\ &= 2\times\left[\frac{1}{3}t^3-t\right]\Big|_1^2 \\ &= \frac{8}{3}\end{aligned}$$

【例 4.5.4】 计算定积分。

$$\int_0^1 x^2\sqrt{1-x^2}\,\mathrm{d}x$$

解：设 $x=\sin t$，则 $\mathrm{d}x=\cos t\mathrm{d}t$，当 $x=0$ 时，$t=0$；当 $x=1$ 时，$t=\frac{\pi}{2}$。

于是

$$\begin{aligned}\int_0^1 x^2\sqrt{1-x^2}\,\mathrm{d}x &= \int_0^{\frac{\pi}{2}} \sin^2 t\cos^2 t\mathrm{d}t \\ &= \frac{1}{4}\int_0^{\frac{\pi}{2}} \sin^2 2t\mathrm{d}t \\ &= \frac{1}{8}\int_0^{\frac{\pi}{2}} (1-\cos 4t)\mathrm{d}t \\ &= \frac{1}{8}\left(t-\frac{1}{4}\sin 4t\right)\Big|_0^{\frac{\pi}{2}} \\ &= \frac{\pi}{16}\end{aligned}$$

2. 分部积分公式

$$\int_a^b g(x)\mathrm{d}f(x) = [f(x)g(x)]\,|_a^b - \int_a^b f(x)\mathrm{d}g(x)$$

【例 4.5.5】 计算定积分。

$$\int_1^{\mathrm{e}} \ln x\mathrm{d}x$$

解：在本题中，直接把 $\ln x$ 看作为 $g(x)$，x 看作为 $f(x)$，于是

$$\begin{aligned}\int_1^{\mathrm{e}} \ln x\mathrm{d}x &= [x\ln x]\,|_1^{\mathrm{e}} - \int_1^{\mathrm{e}} x\mathrm{d}(\ln x) \\ &= \mathrm{e}-\int_1^{\mathrm{e}}\mathrm{d}x \\ &= \mathrm{e}-[x]\,|_1^{\mathrm{e}} \\ &= 1\end{aligned}$$

由例 4.5.5 可见，在使用分部积分公式时，积出的部分可以代入上、下限进行计算，也就是积出一步代入一步，不必等到最后一起代入，这样可简化计算过程。

【例 4.5.6】 计算定积分。

$$\int_0^1 x^2 e^x dx$$

解：
$$\begin{aligned}\int_0^1 x^2 e^x dx &= \int_0^1 x^2 d e^x \\ &= [x^2 e^x]\big|_0^1 - \int_0^1 e^x dx^2 \\ &= e - 2\int_0^1 x e^x dx = e - 2\int_0^1 x d e^x \\ &= e - 2\left\{[x e^x]\big|_0^1 - \int_0^1 e^x dx\right\} \\ &= e - 2\left(e - \int_0^1 e^x dx\right) \\ &= e - 2\{e - [e^x]\big|_0^1\} \\ &= e - 2\end{aligned}$$

在运用分部积分法时，把被积函数中的哪个部分看做是 $g(x)$，哪个部分看做是 $f(x)$ 需要一些解题经验。

习题 4.5

1. 计算下列定积分。

(1) $\int_0^4 (2x - \sqrt{x}) dx$　　(2) $\int_0^\pi (\sin 3x + e^{2x}) dx$

(3) $\int_{-1}^2 | x - 1 | dx$　　(4) $\int_0^\pi | \sin x - \cos x | dx$

2. 计算下列定积分。

(1) $\int_0^2 (2x + 1)^{11} dx$　　(2) $\int_{-1}^1 \sqrt{1 - x^2} dx$

(3) $\int_{-2}^2 \frac{\sin x + x^5 + 1}{x^2 + 1} dx$　　(4) $\int_1^2 \frac{3x}{x^2 + 4} dx$

(5) $\int_0^2 x \sqrt{4 - x^2} dx$　　(6) $\int_0^\pi \cos(2x - 5) dx$

(7) $\int_{-\pi}^\pi x \sin 3x dx$　　(8) $\int_1^2 \frac{\sqrt{x - 1}}{x} dx$

(9) $\int_0^1 x e^{-x} dx$　　(10) $\int_1^4 x \ln x dx$

(11) $\int_{-\pi}^\pi x^2 \sin 5x dx$　　(12) $\int_{-\frac{\pi}{2}}^{\frac{\pi}{2}} (\cos x + 2) dx$

4.6 定积分的应用

定积分是一种实用性很强的方法。在物理学和工程技术中有非常广泛的应用，如平均电压(电流)和平均功率、变力做功、物体表面粗糙度等问题都可以用定积分来解决。

1. 电学方面的应用

【例 4.6.1】 求正弦交流电 $i=I\sin\frac{2\pi}{T}t$ 的平均值 $I_a=\frac{1}{\frac{T}{2}}\int_0^{\frac{T}{2}}i\mathrm{d}t$ 与有效值 $I_e=\sqrt{\frac{T}{1}\int_0^{\frac{T}{0}}i^2\mathrm{d}t}$。

解：(1) 均值

$$I_a=\frac{1}{\frac{T}{2}}\int_O^{\frac{T}{2}}i\,\mathrm{d}t=\frac{2}{T}\int_O^{\frac{T}{2}}I\sin\frac{2\pi}{T}t\,\mathrm{d}t$$

$$=\frac{2I}{T}\cdot\frac{T}{2\pi}\int_O^{\frac{T}{2}}\sin\frac{2\pi}{T}t\,\mathrm{d}\left(\frac{2\pi}{T}t\right)=\frac{2I}{T}\frac{T}{2\pi}\left[-\cos\frac{2\pi}{T}t\right]\Big|_0^{\frac{T}{2}}$$

$$=-\frac{2I}{T}\frac{T}{2\pi}\left(\cos\frac{2\pi}{T}\frac{T}{2}-\cos 0\right)$$

$$=-\frac{I}{\pi}(\cos\pi-\cos 0)$$

$$=-\frac{I}{\pi}(-1-1)=\frac{2I}{\pi}$$

(2) 有效值

令 $\frac{2\pi}{T}t=x$，则 $x|_{t=0}=0,x|_{t=T}=2\pi,t=\frac{T}{2\pi}x,\mathrm{d}t=\frac{T}{2\pi}\mathrm{d}x$

$$\frac{1}{T}\int_O^T i^2\mathrm{d}t=\frac{1}{T}\int_O^T\left(I\sin\frac{2\pi}{T}t\right)^2\mathrm{d}t$$

$$=\frac{I^2}{T}\int_0^{2\pi}(\sin^2x)\,\frac{T}{2\pi}\mathrm{d}x$$

$$=\frac{I^2}{2\pi}\int_0^{2\pi}\sin^2x\mathrm{d}x$$

$$=\frac{I^2}{2\pi}\left[\frac{1}{2}x-\frac{\sin 2x}{4}\right]\Big|_0^{2\pi}$$

$$=\frac{I^2}{2\pi}\left[\frac{1}{2}(2\pi-0)-\left(\frac{\sin 4\pi-\sin 0}{4}\right)\right]$$

$$=\frac{I^2}{2}$$

所以

$$I_e=\sqrt{\frac{1}{t}\int_0^{\frac{T}{0}} i^2\,\mathrm{d}t}$$

$$=\sqrt{\frac{I^2}{2}}$$

$$=\frac{I}{\sqrt{2}}$$

【例 4.6.2】 把交流电压 $e=E\sin\omega t$ 加到某电路时有电流 $i=I\sin(\omega t-\varphi)$ 通过，试求供给电路的平均功率。

$$P=\frac{1}{T}\int_0^T ei\,\mathrm{d}t$$

解：根据例 1.2.4 得，瞬时功率表达式为

$$p=ei=E\sin\omega t\cdot I\sin(\omega t-\varphi)$$

$$=E_e I_e[\cos\varphi-\cos(2\omega t-\varphi)]$$

所以

$$P=\frac{1}{T}\int_0^T E_e I_e[\cos\varphi-\cos(2\omega t-\varphi)]\,\mathrm{d}t$$

$$=\frac{E_e I_e}{T}\int_0^T[\cos\varphi-\cos(2\omega t-\varphi)]\,\mathrm{d}t$$

$$=\frac{E_e I_e}{T}\left[(\cos\varphi)t-\frac{\sin(2\omega t-\varphi)}{2\omega}\right]_0^T$$

$$=\frac{E_e I_e}{T}\left\{(\cos\varphi)(T-0)-\frac{1}{2\times 2\pi/T}\left[\sin\left(2\times\frac{2\pi}{T}T-\varphi\right)-\sin(-\varphi)\right]\right\}$$

$$=E_e I_e\cos\varphi$$

在电工学中，平均功率又称实功率，它描述了电路将电能转变为其他形式能量的功率。

2. 力学方面的应用

接下来，再通过几个例子介绍定积分在物理学上的一些应用。这里将说明用微元法把实际问题表示为定积分的方法。

由万有引力定律知道，质量分别为m_1，m_2 的两个质点，相距 r 时的引力为

$$F=k\frac{m_1 m_2}{r^2}\quad(k\text{ 为引力常数})$$

如果要计算位于一条直线的的一根细杆对一个质点的引力，由于细杆上各点与该质点的距离是变化的，因此不能直接套用上述公式。这时可以采用定积分的微元法计算。

【例 4.6.3】 设有一长为 L，质量为 M 的均匀细杆，另有一质量为 m 的质点与杆在一条直线上，它到杆的近端距离为 a，计算细杆对质点的引力。

解：建立如图 4.6.1 所示的坐标系，以 x 为积分变量，变化区间为$[0,L]$，在杆上取

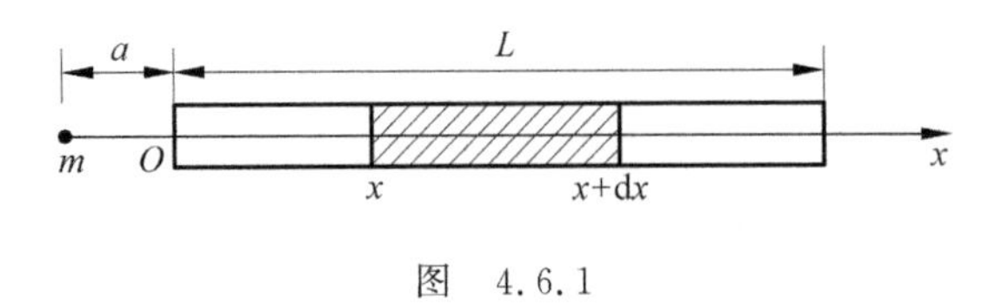

图 4.6.1

微小区间$[x,x+\Delta x]$,此段杆长为 $\mathrm{d}x$,质量为$\frac{M}{L}\mathrm{d}x$,由于 $\mathrm{d}x$ 很少,该质量可以看做在 x 处,它与质点间距离为 $x+a$,根据万有引力定律,这一小段细杆对质点的引力微元为

$$\mathrm{d}F = k\frac{m\frac{M}{L}}{(x+a)^2}\mathrm{d}x$$

故细杆对质点的引力为

$$\begin{aligned}F &= \int_0^L k\frac{m\frac{M}{L}}{(x+a)^2}\mathrm{d}x \\ &= km\frac{M}{L}\int_0^L\frac{1}{(x+a)^2}\mathrm{d}x \\ &= \frac{kmM}{L}\left[\frac{-1}{(x+a)}\right]\Bigg|_0^L \\ &= \frac{kmM}{a(L+a)}\end{aligned}$$

注意:当质点与细杆不在一条直线上时,由于细杆每一小段对质点的引力方向不同,此时引力不可以直接相加,必须把引力分解为水平方向和垂直方向的分力后,分别按水平和垂直方向计算相加。

从物理学知道,如果物体在运动中受到一个不变的作用力 F,使物体沿力 F 的方向移动距离 S,则力 F 对物体所做的功为 $W=FS$。

如果物体在运动中受到的力是变化的,显然上述公式就不适用了。这时可以采用定积分的微元法来解决。

【例 4.6.4】 设在原点有一个带电量为 q 的点电荷,周围形成一个电场,求单位正电荷在该电场中从距原点 a 处沿射线方向移至原点 $b(a<b)$处时,电场力 F 所做的功。

解:根据库仑定律,一个单位正电荷放在电场中距离原点为 r 的点处,电场对它作用力的大小为 $F=k\frac{q}{r^2}$(k 为常数),方向指向最远处。

因此,在单位正电荷移动过程中,电场对它的作用力是变力,取 r 为积分变量,变化区间为$[a,b]$,在$[a,b]$中任取微小区间$[r,r+\mathrm{d}r]$上,电场力可近似看做不变,并且可用在点 r 处单位正电荷受到的电场力来代替,于是得到它移动 $\mathrm{d}r$ 所做功的近似值,即功的微元为

$$dW = k\frac{q}{r^2}dr$$

所以，电场力对单位正电荷在 $[a,b]$ 上移动所做的功为

$$W = \int_a^b k\frac{q}{r^2}dr = -k\left[\frac{q}{r}\right]\Big|_a^b$$

$$= kq\left(\frac{1}{a} - \frac{1}{b}\right)$$

若移至无穷远处，则做功为

$$W = \int_a^{+\infty} k\frac{q}{r^2}dr = -k\left[\frac{q}{r}\right]\Big|_a^{+\infty}$$

$$= \frac{kq}{a}$$

此时，电场力所做的功也称为电场中该点的电位 V，于是电场在 a 处的电位为 $V=\frac{kq}{a}$。

【例 4.6.5】 已知定滑轮距光滑的玻璃平面的高度为 h，一物体受到通过定滑轮绳子的牵引，其力的大小为常数 F，沿着玻璃平面从点 A 沿直线 AB 移到点 B 处（如图 4.6.2所示），设点 A、B 及定滑轮所在平面垂直玻璃板，求力 F 对物体所做的功。

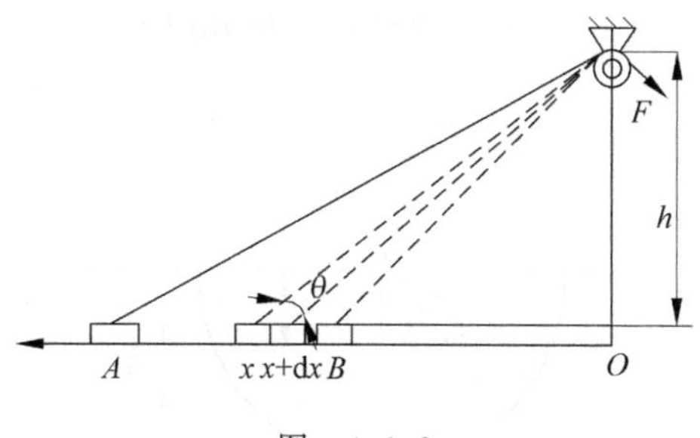

图　4.6.2

解：如果选取定滑轮在平面上的投影点为坐标原点 O，x 轴通过 A、B 两点，且它的正向指向 A，在选定的坐标系中设 A 坐标为 $x=a$，B 点坐标为 $x=b$，积分变量为 $b\leqslant x\leqslant a$，如图 4.6.2 所示，物体在运动过程中，虽然牵引力 F 大小始终不变，但力 F 方向在随着物体位置而变化。因此，该力在物体运动方向上分力的大小仍是变力，但在微小区间 $[x,x+dx]$ 上该力可以近似看做不变，用在点 x 处的分力代替。

$$F_{水平} = -F\cos\theta$$

$$= -\frac{F\cdot x}{\sqrt{x^2+h^2}}$$

上式中负号是由于力的方向与坐标轴方向相反，$F_{水平}$ 表示 F 在水平方向分力的大小。于是，力 F 在 $[x,x+dx]$ 上对物体所做功的近似值，即功的微元为

$$dW = -F\frac{x}{\sqrt{x^2+h^2}}dx$$

所以，力 F 将物体从 $x=a$ 处移动到 $x=b$ 处所做的功为

$$W=\int_a^b \mathrm{d}W=-F\int_a^b \frac{x}{\sqrt{x^2+h^2}}\mathrm{d}x$$

$$=-\frac{F}{2}\int_a^b \frac{1}{\sqrt{x^2+h^2}}\mathrm{d}(x^2+h^2)$$

$$=\frac{F}{2}\left[(x^2+h^2)^{\frac{1}{2}}\right]\Big|_b^a$$

$$=F(\sqrt{a^2+h^2}-\sqrt{b^2+h^2})$$

【例 4.6.6】 半径为 a 的半球形水池蓄满了水，如果要把水抽干，问要做多少功？

解：如图 6.4.3 所示，把水看做是一层一层地抽出来的，任取一个与池面距离 h 的小薄层，厚度为 $\mathrm{d}h$，它的重量为 $\gamma\pi(a^2-h^2)\mathrm{d}h$，把这层水(微元)抽到地面所做的功是

$$\mathrm{d}W=\gamma\pi(a^2-h^2)h\mathrm{d}h$$

所以抽干所有水所做的功为

$$W=\int_0^a \mathrm{d}W$$

$$=\int_0^a \gamma\pi(a^2-h^2)h\mathrm{d}h$$

$$=\frac{\gamma\pi}{4}a^2$$

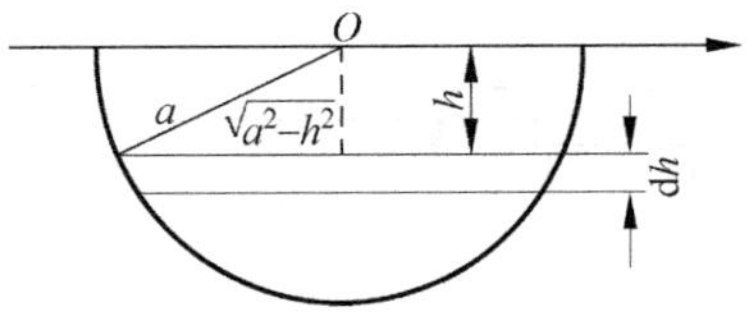

图 4.6.3

根据前面几个例子可以看出，用“微元法”解决实际问题通常有两个步骤：(1)选取积分变量 $x\in[a,b]$，任取一个微小区间 $[x,x+\mathrm{d}x]$ 上，然后写出这个小区间上所对应的待求量的近似值或微元：$\mathrm{d}A=f(x)\mathrm{d}x$；在此要注意，因为此时是在一个很小局部 $[x,x+\mathrm{d}x]$ 上讨论问题，所以要用“以常代变”、“以匀代不匀”、“以直代曲”的思路写出局部上所求量的近似值；(2)将微元 $\mathrm{d}A=f(x)\mathrm{d}x$ 在区间 $[a,b]$ 上积分(进行无限累加)，即得 $\mathrm{d}A=\int_a^b f(x)\mathrm{d}x$。这种解决问题的方法称为微元法。

3. 表面粗糙度的评定

无论是机械加工的零件表面，还是用铸、锻、冲压等方法获得的零件表面，都会因为加工过程中的塑性变形、工艺系统的高频振动，以及刀具与零件在加工表面的摩擦等因

素，而在零件表面留下高低不平的切削痕迹，即几何形状误差。人们把零件表面上具有的由较小间距和峰谷所组成的微观几何形状误差称为表面粗糙度。它刻画了实际零件表面的几何形状误差的微观特征。

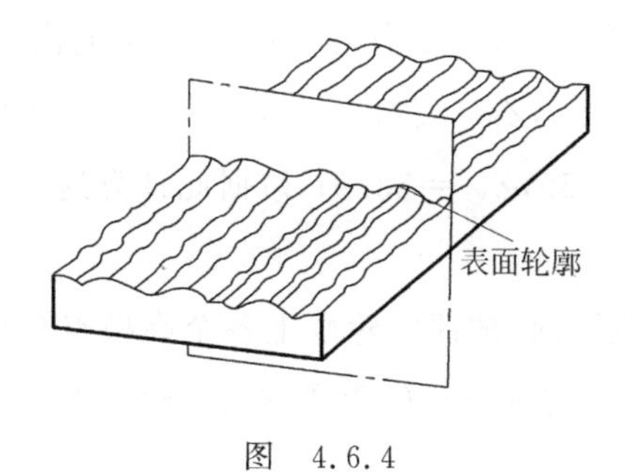

图　4.6.4

为了研究零件的表面结构，通常用垂直于零件实际表面的平面与零件实际表面相交所得到的轮廓做为评估对象。它称为表面轮廓，是一条轮廓曲线（如图 4.6.4 所示）。按相交方向的不同，表面轮廓线分为横向轮廓和纵向轮廓。横向轮廓是指垂直于表面加工纹理方向的平面与表面相交所得的实际轮廓线。纵向轮廓是指平行于表面加工纹理方向的平面与表面相交所得的实际轮廓线。在评定表面粗糙度时，通常指横向轮廓，即与加工纹理方向垂直的轮廓。

在此仅介绍其中的一个幅度参数——轮廓的算术平均偏差 R_a，它是指在一个取样长度 l_r 内，轮廓偏距 $z(x)$ 的算术平均值，如图 4.6.5 所示，用公式表示为

$$R_a = \frac{1}{l_r}\int_0^{l_r} |\, z(x) \,|\, \mathrm{d}x$$

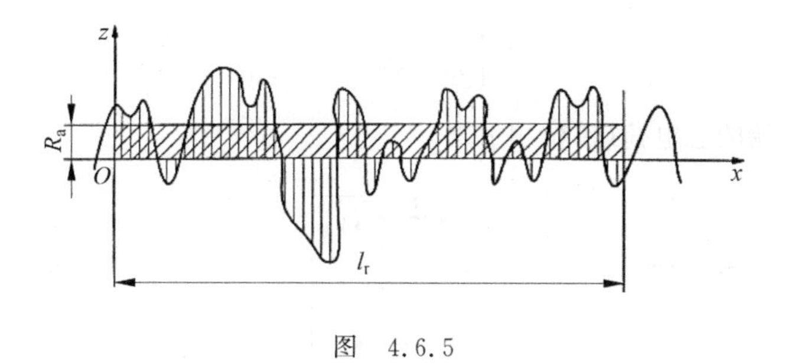

图　4.6.5

或近似表示为

$$R_a = \frac{1}{n}\sum_{i=1}^{n} |\, z(x_i) \,|$$

上式中 $z(x_i)$ 是点 x_i 的轮廓偏距（$i=1,2,3,\cdots,n$），它是指在测量方向上，轮廓线上的点与基准线之间的距离。轮廓偏距有正负之分。在基准线以上，轮廓线和基准线所包围的部分是材料的实体部分，这部分的 z 值为正，反之为负。l_r 是用于判别被评定轮廓

的表面粗糙度特征的 x 轴方向上的一段基准线长度，它一般应包括 5 个以上的波峰和波谷。

一般地，计算所得的 R_a 值越大，表面就越粗糙。

【例 4.6.7】 用显微镜测得，某工件在一个取样长度内的 5 个最大的轮廓峰高是 $Z_{P_1}=71.5$，$Z_{P_2}=71$，$Z_{P_3}=73.5$，$Z_{P_4}=73$，$Z_{P_5}=74.5$；5 个最大的轮廓谷深是 $Z_{V_1}=50.5$，$Z_{V_2}=52.5$，$Z_{V_3}=54.5$，$Z_{V_4}=55$，$Z_{V_5}=53.5$；请据此计算这个工件的表面粗糙度 R_a（单位是 μm）。

解：在一个取样长度范围内，被评定轮廓上各个高极点与基准线的距离称为轮廓峰高，被评定轮廓上各个低极点与基准线的距离称为轮廓谷深。所以

$$\begin{aligned}R_a &= \frac{1}{10}\times(71.5+71+73.5+73+74.5+50.5+52.5+54.5+55+53.5)\\&=62.95(\mu\text{m})\end{aligned}$$

习题 4.6

1. 已知某正弦电流的幅值为 20A，周期为 1ms，在 0 时刻的电流值为 10A。求(1)电流的频率(Hz)和角频率(rad/s)；(2)$i(t)$的余弦表达式；(3)电流的有效值。

2. 已知正弦电压 $e=300\cos\left(120\pi t+\frac{\pi}{6}\right)$，求(1) 正弦电压的周期(ms)与频率(Hz)；(2)$t=2.778$ms 时，e 的瞬时值；(3)电压 e 的有效值。

3. 如图 4.6.6 中元件的端电流为

$$i=\begin{cases}0 & t<0\\ 20\,\mathrm{e}^{-5000t}\mathrm{A} & t\geqslant 0\end{cases}$$

计算进入元件上端的总电荷(单位用 μC)。

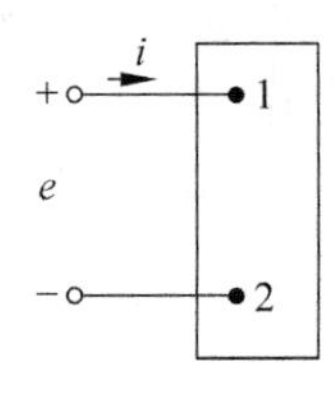

图 4.6.6

4. 流入图 4.6.6 中上端的电流为

$$i=24\cos 4000t \quad \text{A}$$

假定在电流达到最大值的瞬间，上端的电荷为 0，求 $q(t)$的表达式。

5. 由胡克定律可知，在弹性限度内，拉长弹簧所需要的力与拉长的长度成正比。现已知某弹簧每拉长 0.1m 要用 11N 的力，求把弹簧拉长 2m 的拉力所做的功。

6. 一个底面半径为 Rm，高为 Hm 的圆柱形水桶，注满水后要把桶内的水全部吸出，需要做多少功(水密度为 1000kg/m^3，g 取 10m/s^2)？

7. 一条长 100m 的绳子垂在一个足够高的建筑物上，假设每米绳子的质量为 0.25kg，求将此绳全部拉到建筑物顶部所做的功。

8. 金字塔的底为正方形，每边长 230m，高为 150m，如果所用的花岗岩密度为 2.6t/m^3，问堆起这座金字塔需要做多少功？

9. 一物体按规律 $x=3t^2$ 作直线运动，所受的阻力与速度的平方成正比，求此物体从 $x=0$ 处运动到 $x=10$ 处时阻力所做的功。

部分习题参考答案

第1章

习题1.1

1. $-\frac{2\sqrt{5}}{5},-\frac{\sqrt{5}}{5}$；

2. $\frac{1}{2}$；

3. (1) $\frac{\pi}{5}$，(2) $\frac{\pi}{8}$，(3) $\frac{103\pi}{180}$；

4. (1) $120°$，(2) $126°$，(3) $945°$；

5. $68°45'39''$；

6. $\pm 150°$；

7. $\frac{5}{13},\frac{12}{13}$。

习题1.2

2. $2\sqrt{6}$；

3. (1) $\frac{5}{2}$，(2) $\frac{7}{4}$。

习题1.3

1. $\frac{5\sqrt{3}}{2}$；

5. $\mathrm{e}=311\sin\left(100\pi t+\frac{\pi}{3}\right)$，155.5；

6. $y=2\sin\left(2t+\frac{\pi}{3}\right)$；

7. $t=\frac{1}{360}\mathrm{s}$，$\mathrm{e}=170\cos\left(120\pi t-\frac{7}{6}\pi\right)$，$t=\frac{25}{9}\mathrm{ms}$。

习题1.4

1. (1) $-\frac{\pi}{6}$，(2) $\frac{\pi}{6}$，(3) $-\frac{\pi}{4}$，(4) $\frac{3\pi}{4}$，(5) $\frac{2\pi}{3}$，(6) $\frac{\pi}{3}$；

2. $-\frac{\sqrt{2}}{2},\frac{\sqrt{2}}{2},-1,-1$；

3. $\frac{\sqrt{21}}{7},\frac{2\sqrt{7}}{7},\frac{\sqrt{3}}{2},\frac{3\sqrt{3}}{2}$；

4. $A=\arcsin\frac{35}{48},\pi-\arcsin\frac{35}{48}$；

5. (1) $x=\pi+\arcsin\frac{1}{3},2\pi-\arcsin\frac{1}{3}$；　(2) $x=-\pi-\arccos\frac{2}{3},-3\pi+\arccos\frac{2}{3}$。

习题 1.5

1. $d=47.97$；

2. $D=87$；

4. 87.03；

5. $\alpha=52°15',H=24.73$；

6. $\alpha=25°,x_1=27.71,x_2=10.14$；$y_1=16,y_2=21.75$。

习题 1.6

1. $AC=226.1,BC=245.3$；

2. $x=71.85,y=145.2$；

3. $d=35.15,t=7.66$；

4. $x=66,y=64$；

5. $BE=63.79,CE=70.39$。

第 2 章

习题 2.1

1. (1) $\frac{X^2}{16}+\frac{Y^2}{9}=1,(-2,3)$；　(2) $Y^2=4X^2,(-\sqrt{2},2)$；

2. $\frac{9X^2}{225}-\frac{25Y^2}{225}=1,(1,-3)$；

3. $X^2+\frac{1}{2}Y^2=1$；4. $P_1\sim P_{11}$的坐标值列表如下：

交点	绝对坐标值(x,y)	相对坐标值(x,y)
P_1	(0,0)	(0,0)
P_2	(0,40)	(0,40)
P_3	(110,40)	(110,0)
P_4	(110,0)	(0,−40)

续表

交点	绝对坐标值(x,y)	相对坐标值(x,y)
P_5	(87.5,0)	(−22.5,0)
P_6	(87.5,15)	(0,15)
P_7	(76,15)	(−11.5,0)
P_8	(38.913,28.499)	(−37.087,13.499)
P_9	(34,15)	(−4.913,−13.499)
P_{10}	(22.5,15)	(−11.5,0)
P_{11}	(22.5,0)	(0,−15)

5. $b=118.8$；

6. 向右移动，$x=80.6$。

习题 2.2

1. $D_{CD}=72.02$，$D(59.79,85.55)$；

2. d=15.6；

3. $A(-15.9,9.2)$，$B(-4.5,8.9)$；

4. C 到直线 AB 距离为 114.57，C 孔与 D 孔的中心距为 138.92；

5. (5.84,30.4)；

6. (7.1,−18.6)。

习题 2.3

1. (1) $(x-4)^2+y^2=1$，　(2) $y^2=2px$；

2. $\begin{cases} x=1+\dfrac{1}{2}t \\ y=5+\dfrac{\sqrt{3}}{2}t \end{cases}$

3. $(x-y)^2+y^2=a^2$

4. $\begin{cases} x=3+5\cos\varphi \\ y=2+5\sin\varphi \end{cases}$

5. $\begin{cases} x=4(\cos\varphi+\varphi\sin\varphi) \\ y=4(\sin\varphi-\varphi\cos\varphi) \end{cases}$

习题 2.4

1. (1) $A\left(\sqrt{2},-\dfrac{\pi}{4}\right)$，　(2) $B\left(2,\dfrac{2\pi}{3}\right)$，　(3) $C\left(\sqrt{3},\pi-\arctan\dfrac{\sqrt{2}}{2}\right)$；

2. (1) $P\left(-\frac{1}{2},\frac{\sqrt{3}}{2}\right)$, (2) $Q\left(\frac{3\sqrt{2}}{2},\frac{3\sqrt{2}}{2}\right)$, (3) $R(-2\sqrt{3},2)$;

3. (1) $x^2-3x+y^2=0$, (2) $y^2-3x^2+4x=1$, (3) $y^2+2x=1$;

4. $\rho\sin\varphi=a$;

5. $\rho=4+\frac{112}{11\pi}\theta\left(0\leqslant\theta\leqslant\frac{11\pi}{8}\right),\rho=48.8-\frac{22.4}{\pi}\theta\left(\frac{11\pi}{8}\leqslant\theta\leqslant2\pi\right)$;

6. 0.1675;

7. $\rho=56+\frac{4}{\pi}\theta$。

习题 2.5

4. (1) 圆柱面, (2) 抛物面, (3) 椭圆面, (4) 旋转抛物面, (5) 圆锥面, (6) 圆柱面;

5. (1) $x^2+z^2=4y$, (2) $9(x^2+y^2)=z$, (3) $3x^2+3z^2+2y^2=6$, (4) $2x^2-3y^2-3z^2=12$

6. (1) $\begin{cases}x^2+z^2=12\\y=2\end{cases}$,(2) $\begin{cases}\frac{x^2}{4}+\frac{y^2}{9}=4\\y=4\end{cases}$,(3) $\begin{cases}z^2-y^2=1\\x=-1\end{cases}$,(4) $\begin{cases}x^2-z^2=10\\y=3\end{cases}$

第3章

习题 3.1

2. (1) 0, (2) $\frac{3}{4}$, (3) 2, (4) $\frac{2}{3}$, (5) $-\frac{1}{4}$, (6) $1-\mathrm{e}$

习题 3.2

1. ln3;

5. $-1,\frac{\sqrt{3}}{2},\frac{\sqrt{2}}{2}$;

6. 0.32;

8. 20.5;

9. 8π;

10. 0.33%。

习题 3.3

2. (1) $\frac{dy}{dx}=-\frac{b^2x}{a^2y}$，(2) $\frac{dy}{dx}=\frac{x-b}{a}$；

4. $y=-3x+3, y=\frac{1}{3}x-\frac{1}{3}$；

5. 12.99。

习题 3.4

2. (1) $y'=-\frac{1}{\sqrt{a^2-x^2}}$，(3) $y'=-2xe^{-x^2}$，(4) $y'=e^x\ln(3x^2)+2x^{-1}e^x$，

(5) $y'=\frac{x(x+3)}{(x+1)(x-4)}\left\{\frac{1}{x}+\frac{1}{x+3}-\frac{1}{x+1}-\frac{1}{x-4}\right\}$；

3. $y'=-f'(5-x), y'(0)=-f'(5)$；

4. $y'\left(\frac{\pi}{4}\right)=-\frac{\sqrt{2}}{2}f'\left(-\frac{\sqrt{2}}{2}\right)$。

习题 3.6

2. (1) max=56, min=−25，(2) $\max=\frac{1}{2}, \min=-\frac{1}{4}$；

3. $t=\frac{1}{a}$；

4. $\omega=2000\pi, i=10\sin(2000\pi t-300\pi)$；

5. $\omega=4\pi, e=150\sin\left(4\pi t+\frac{\pi}{6}\right)$；

6. $i_{max}=1$；

7. 2.366s，0.634s。

习题 3.7

1. (1) $K=2$，(2) $K=0$，(3) $K=\frac{\sqrt{2}}{4}$；

2. (1) $R=+\infty$，(2) $R=2\sqrt{2}$；

3. (1,0)，$R=4$；

5. (1,3)；

6. $R=2$。

第4章

习题 4.1

1. (1) $-\cos x-\sin x$, (2) $4\,e^{x}$, (3) $\frac{1}{2}e^{2x}+\frac{3}{2}x^{2}$, (4) $\frac{1}{4}x^{4}-5x$,

(5) $-3\cos x$, (6) $e^{x}-\sin x$;

2. $2x-\sin x$。

习题 4.2

1. (1) $e^{x}+\frac{2}{3}x^{\frac{3}{2}}+x+k$, (2) $\frac{1}{4}x^{4}+2\cos x+k$, (3) $\frac{(ea)^{x}}{1+\ln a}+k$,

(4) $-x^{-1}-\frac{1}{2}x^{-2}+k$, (5) $e^{x}+\ln|x|+k$, (6) $-x^{-1}-\frac{1}{2}\ln|x|+x+k$;

2. (1) $e^{x-3}+\frac{(5)^{2x}}{2\ln 5}+k$, (2) $\frac{1}{2}\ln\left|\frac{x-1}{x+1}\right|-3x+k$, (3) $\frac{2}{11}x^{\frac{11}{2}}+\arctan x+k$,

(4) $\arcsin x+\sin x+k$, (6) $\frac{2^{x}}{\ln 2}+\frac{1}{5}x^{5}+k$。

习题 4.3

1. (1) $\frac{1}{24}(x^{2}+5)^{12}+k$, (2) $-\ln|x+2|+2\ln|x+1|+k$, (3) $\frac{1}{3}(x^{2}+a)^{\frac{3}{2}}+k$,

(5) $\frac{2}{3}(x+1)^{\frac{3}{2}}-\frac{1}{2}(x+1)^{\frac{1}{2}}+k$, (6) $-\frac{1}{2}\cos x+k$;

2. (2) $\frac{1}{3}[x-\ln(e^{x}+3)]+k$, (3) $\frac{1}{3}x^{3}\ln|x|-\frac{1}{9}x^{3}+k$,

(4) $-x^{2}\cos x+2x\sin x+2\cos x+k$, (5) $\frac{2\sqrt{3}}{3}\arctan\left(\frac{2\sqrt{3}}{3}x-\frac{1}{\sqrt{3}}\right)+k$,

(6) $\frac{1}{2}x^{2}-x+\frac{2\sqrt{3}}{3}\arctan\left(\frac{2\sqrt{3}}{3}x+\frac{1}{\sqrt{3}}\right)+k$。

习题 4.4

1. (1) 2, (2) π, (3) $\frac{\pi}{2}$, (4) 0;

3. (1) $\frac{14}{3}$, (2) $e^{3}-\frac{11}{2}$, (3) -1, (4) 1, (5) $\frac{1}{2}+\ln 2$, (6) $\pi^{2}+2$。

习题 4.5

1. (1) $\frac{32}{3}$, (2) $\frac{1}{2}e^{2\pi}+\frac{1}{6}$, (3) $\frac{5}{2}$, (4) $2\sqrt{2}-2$;

2. （1）$\frac{1}{24}[5^{12}-1]$，（3）$2\arctan 2$，（4）$\frac{3}{2}\ln\frac{8}{5}$，（5）$\frac{8}{3}$，（6）0；（7）$\frac{2\pi}{3}$，

（8）$\frac{4-\pi}{2}$，（9）$1-2e^{-1}$，（10）$16\ln 2-\frac{5}{4}$。

习题 4.6

1. $f=1000, \omega=2000\pi, i=20\sin\left(2000t+\frac{\pi}{6}\right), I_e=14.14$

4. $q=0.006\sin 4000t$；

5. 216；

6. $5000\pi R^2 h^2$；

7. 125000；

8. 2.5×10^{12}；

9. $600k$。

参 考 文 献

[1] 吴拓.机械加工计算手册.北京：化学工业出版社，2012.
[2] 晋其纯，林文焕.机械制造应用数学.北京：北京大学出版社，2010.
[3] 谢里阳等.机械可靠性基本理论与方法(第2版).北京：科学出版社，2012.
[4] 倪洪启，谷耀新.现代机械设计方法.北京：化学工业出版社，2008.
[5] 君兰工作室.机电一体化(从原理到应用).北京：科学出版社，2009.
[6] 张皓阳.公差配合与技术测量.北京：人民邮电出版社，2012.
[7] 甘永立.几何量公差与检测(第10版).上海：上海科学技术出版社，2013.
[8] 费业泰等.机械热变形理论及应用.北京：国防工业出版社，2009.
[9] 萧树铁，扈志明.微积分.北京：清华大学出版社，2008.
[10] 游安军.计算机数学.北京：电子工业出版社，2013.
[11] 游安军.电路数学.北京：电子工业出版社，2014.
[12] 人力资源和社会保障部教材办公室.专业数学(机械建筑类).北京：中国劳动社会保障出版社，2010.
[13] 双元制培训机械专业理论教材编委会.机械工人专业计算.北京：机械工业出版社，2009.